尹惠芳　编著

微生物
世界的奥秘

U0297945

Microorganism

河北出版传媒集团
河北科学技术出版社

图书在版编目（CIP）数据

微生物世界的奥秘/尹惠芳编著 . — 石家庄：河北科学技术出版社，2012.11（2024.1 重印）

（青少年科学探索之旅）

ISBN 978-7-5375-5552-4

Ⅰ . ①微… Ⅱ . ①尹… Ⅲ . ①微生物学－青年读物②微生物学－少年读物 Ⅳ . ① Q93-49

中国版本图书馆 CIP 数据核字 (2012) 第 274612 号

微生物世界的奥秘

尹惠芳　编著

出版发行	河北出版传媒集团　　河北科学技术出版社	
地　址	石家庄市友谊北大街 330 号（邮编：050061）	
印　刷	文畅阁印刷有限公司	
开　本	700×1000　1/16	
印　张	12	
字　数	130000	
版　次	2013 年 1 月第 1 版	
印　次	2024 年 1 月第 4 次印刷	
定　价	36.00 元	

前　言

亲爱的青少年朋友们，新世纪的钟声余音袅袅，我们迈着轻盈的步伐走进了崭新的21世纪。回眸人类发展的历史，可以看出，农业经济时代，最显赫的是权力；工业经济时代，最显赫的是资本；在已悄然而至的知识经济时代，最有说服力的必将是科学技术。可以预测，在新世纪里，生命科学和生物工程技术将以其独特的魅力处于新技术革命的最前沿。

本书正是为了顺应时代需要，满足青少年读者对生命科学的渴求，在新世纪之初向朋友们献上的一份薄礼！

翻开此书，你将步入一个神秘而又奇异的微观天地——微生物王国，去做一次难忘的旅行。

首先，你将循着科学家们探索微生物王国奥秘的漫漫历程，一睹他们在科学发现过程中的风采，从而得到科学方法的启迪，科学精神的陶冶。

接着，你将漫游微生物王国，初识微生物大家族的“百家姓”。这里有地球上最古老的“居民”；这里有一小时四世同堂的“超级母亲”；这里有世界上的赛跑冠军；这里还有“性情易变的魔术师”……

然后，你将进一步了解到，微生物既是我们的朋友，也是我们的敌人，它与我们人类的关系依依难分、休戚相关。在它们中间，有的是我们餐桌上的美味佳肴，有的能为

我们提供防病治病的灵丹妙药，有的具有发酵、制酒的超凡本领，还有的是作物病害的克星。当然，微生物中也有一些害群之马，它们曾给人类带来过巨大的灾难。至今仍在严重危害人类生活和健康的流感、结核病、肝炎、艾滋病以及近几年引起全世界恐慌的疯牛病、口蹄疫等一系列传染病的元凶，无一不属于微生物。我们必须时时警惕它们！

最后，本书将为你展现当前微生物研究与应用的新热点和发展前景。那是一幅多么美丽诱人的画卷：上面有传染病的新克星、神奇的能工巧匠，有生物工程舞台的明星小小生物"制药厂"，还有植物疫苗、开发新能源的生力军、未来人类的新食源等等。

亲爱的青少年朋友们，阅读此书将是一次多么难忘的旅行啊！它为你揭开了微生物王国神秘的面纱，带你迈入微观生命的科学殿堂，去领略那些肉眼观察不到，甚至难以感知，却又真实存在的微观生命现象，为你将来攀登更高的科学高峰插上理想的翅膀！

尹惠芳

2012年10月于石家庄

目　录

五 从古至今　四海为家

六 让有害微生物无处藏身

现实与未来

一、微观探秘路漫漫

● 一滴水的启示

迄今30多亿年前，微生物就悄悄地出现在地球上了。然而，人们认识微生物的时间却很晚。尽管古人早就知道享受美酒佳肴，但谁也不知道其中的奥秘。直到300多年以前，一个荷兰人才第一次涉足神秘的微生物王国，他的名字叫列文虎克。

1632年，列文虎克出生在荷兰德尔夫特市的一个贫穷的家庭，他从小非常热爱大自然，也非常爱动脑筋，喜欢向大人们提出各种各样的问题，并且追根问底。列文虎克的父亲很早就去世了，为了帮助母亲养活一家人，16岁那年他离开学校，过早地挑起了生活的重担。他来到远离家乡的荷兰首都阿姆斯特丹，在一家杂货铺里当学徒工。

列文虎克一天到晚马不停蹄地为老板干活，还常常吃不饱肚子。然而，正是艰苦的生活磨炼了他的意志，使他更加

杂货铺的小伙计成了显微镜的发明人

勤奋好学。白天，他忙着干活，一到晚上，店铺关门后，他就借着灯光读起自己喜欢的书来。这段时间，他从书本上学到了许多知识，知道了天空、宇宙，也知道了动物、植物和小昆虫……杂货店的隔壁是一家眼镜店，他一有空就向师傅们学习磨制镜片的技术。几年的学徒生涯使列文虎克学会了许多学校里学不到的知识和技能。

后来，列文虎克回到自己的家乡，受雇到德尔夫特市政厅做了一名看门人。看门人的工资收入很低，但是比较清闲，使他有了很多空余的时间，于是，他又拾起了自己的爱好，起劲地磨制镜片。列文虎克磨制透镜着了迷，甚至夜里还磨个不停。经过许多天的辛劳，他终于做出了世界上第一台可以放大近200倍的显微镜。

这以后，列文虎克开始自得其乐地使用他的显微镜了，只要是能弄到手的东西，他都要放在显微镜下观察一番。他观察过植物的叶片、鱼的肌肉纤维、蜜蜂的刺和人的胡须等等。显微镜把这些东西放大了几百倍，一根人的胡须在显微镜下就变得像一根粗大的圆木，上面凹凸不平的地方也看得清清楚楚。列文虎克惊讶极了，嘴里自言自语着："不可思议，不可思议！"这更激发起他的好奇心。他心里琢磨着：还有什么东西没有放在我的显微镜下看过呢？

1671年的一天，列文虎克从他家附近的一个池塘里取回一些水，放在显微镜下进行观察。突然，他大叫起来："天哪，我看见活物了！瞧，它们在游泳呢，它们玩得多欢呀！"他简直有点儿不敢相信自己的眼睛，世界上难道会有这么小的生灵？别是我看花了眼吧！他使劲地揉揉眼睛，又仔细地观察起来。

列文虎克还观察了雨水、河水、污水、腐败肉汁等。有一次，他还特意找到一个从不刷牙的老头，从老头的牙缝里取下一些牙垢，放在自制的显微镜下观察，这回更使他惊愕了：牙垢里竟然长满了各种各样的小生物。它们的长相五花八门，有的拖着细得出奇的小尾巴，就像一个小蝌蚪；有的一圈儿一圈儿的，活像开瓶塞的起子；有的几个连在一起形成一串，仿佛贵妇人脖子上挂着的珍珠项链；还有的笔直细长，如同一根细棍儿。这些小生物的"性情"也各不相同，有的来去匆匆，活灵活现；有的则优哉游哉，懒洋洋的。列文虎克一连观察了好几天，确信自己没有看花眼。

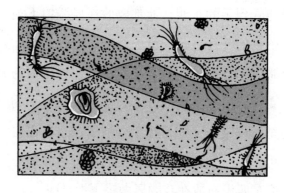

神奇的微观世界

列文虎克每天继续观察着、记录着。1676年10月9日，列文虎克给当时的科学权威机构——英国皇家学会写了一封信，信中写道："我看到了神奇的小生物，你们可以把100万个这样的小生物放到一粒沙子上；在一滴水珠里，可以容纳270万个这样的小东西！"

皇家学会轰动了，一时间，列文虎克的名字传遍了欧洲。人们从四面八方来到荷兰列文虎克的家乡，想亲眼看一看微生物的庐山真面目，并一睹列文虎克的风采。人们围着显微镜，边看边嚷，仿佛是一群淘气的孩子，欢呼雀跃。甚至不可一世的俄国彼得大帝也前来向他表示敬意；尊贵的英国女皇也驾临德尔夫特，想从他的显微镜里看看那些神奇的小生物。不久，皇家学会将一张装在银盒子里的华丽的会员证书，寄给了看门人列文虎克，郑重地邀请他加入学会。其实，当时人们并没有意识到列文虎克的发现对人类有多么重要的意义，仅仅是为了满足自己的好奇心而已。

1683年列文虎克再次给伦敦皇家学会写信，这一次还一并寄去了他绘的图。1684年，信的摘要连同绘制的细菌图发表在《皇家学会科学研究会报》上。这是列文虎克的发现第一次公诸于世，列文虎克也毫无疑问成了第一个看到细菌和第一个绘制细菌图的人。

列文虎克，这个出身贫寒、没有受过多少正规教育的人，成为有史以来第一个发现微生物的人，他的发现开辟了人类征服传染病的新纪元。但微生物的发现仅仅是打开了神秘的微生物王国的一扇大门，要探索其中的奥秘，还有一条漫长的路程。

● 关于"肉汤为什么变臭"的大论战

自从列文虎克发现微生物以后，有一个问题一直在困扰着人们。生活经验告诉人们，放在空气中的新鲜肉，过不了多久就会腐烂，继而长出许多蛆虫来；一盆新鲜肉汤，在空气中放上两天，就会变质发臭。如果把变质的肉汤放在显微镜下观察，会发现里面有许多微生物繁殖。这些原本没有的蛆虫和微生物是从哪里来的呢？它们是自发产生的，还是必须来自生命？对于一般比较大的动物和植物来说，这不成问题。动物怀胎生子或产卵繁殖，植物从种子发芽开始逐渐长成参天大树。任何一种动物或植物都必须来自于它的同类，

这是尽人皆知的常识。

可是，微生物是否也是这样的呢？人们的看法就不一样了。一种观点认为，这些微生物的身体构造那么简单，也许它们可以从非生命物质中直接繁衍出来，这就是所谓的"自然发生说"。而另一种观点却截然相反，认为生命不可能由非生命直接变来，腐烂肉上的蛆虫和微生物一定像植物来自种子一样，来自于卵或微生物，这种观点被叫作"生源说"。究竟孰是孰非呢？两种观点互不相让，谁也说服不了谁。自17世纪以来，双方唇枪舌剑，你来我往，发生了一场场关于"生命是从哪里来的"大论战。

那时，英国有一个叫尼达姆的神父做了一个实验，他把一些羊肉汤灌进一个瓶子里，然后给瓶子加热半小时。他自语道："这回一定把瓶子里的小生物和它们的卵杀死了！"几天以后，他拔开瓶塞，取一些肉汤用显微镜观察——肉汤里长满了密密麻麻的小生物。

于是，尼达姆把他的实验结果写信报告给了皇家学会。他声称："我已经证明，生命确实能够从非生命的东西里自然而然地产生出来。"尼达姆的实验一度蒙哄了许多人。甚至有人说，蜜蜂是从死牛的尸体里产生出来的；还有人说，把一团烂棉花放在偏僻处，过几个星期就会生出小老鼠来。

"纯粹是骗人的鬼话！小生物决不可能从羊肉汤或其他任何东西里自生自长，我一定要戳穿这个把戏。"从遥远的意大利传来了相反的意见。他是谁呢？巧得很，他也是一位

两个神父的大论战

神父，名字叫斯巴兰扎尼。

斯巴兰扎尼决心用事实来驳倒同行的谬论。他首先制订了严密的实验计划。他想，为什么在加热过的羊肉汤中会出现那么多的小生物呢？一定是加热得不够，或者是没有把瓶口塞紧。于是，他准备了几个玻璃烧瓶，把它们刷洗干净，灌进肉汤。

他大声地说："这回我一定要把它们煮沸一小时，还要把瓶口塞得紧紧的！"他转念一想：可是我怎么封瓶口呢？软木塞很可能不够严密，会让那些小生物钻进去。他望着生好的火，忽然大叫起来："啊，有了！我把瓶颈烧热融合，用玻璃封口，不管多么小的生物也休想钻透玻璃。"于是，斯巴兰扎尼拿起一个个灌了肉汤的瓶子，在火焰上慢慢转动，直到瓶口完全融合为止。然后他开始给瓶子加热。

斯巴兰扎尼把瓶子分为三组进行实验。第一组瓶子封好口后，只把它们放在沸水里煮上几分钟；第二组瓶子封好口后，在沸水里足足煮了一个多小时；第三组瓶子也在沸水里煮了一个小时，所不同的是用软木塞封塞瓶口，而没有用火融合。

做完这一切工作之后，他把这些烧瓶小心翼翼地放好，然后就去做其他的事情：郊游、钓鱼、蹲图书馆，还去为学生讲课——他是一所大学的教授。他似乎已经忘记了那些烧瓶。

但是几天之后，他又回到了实验室。先取出第二组瓶子——把瓶口融合并煮沸一小时的瓶子，一个一个敲开瓶颈，用一支细管吸出一些肉汤，滴在玻片上，用显微镜仔细地观察起来，他的脖子都累酸了，可是什么也没有看见。他急忙又取出只煮过几分钟的那组瓶子，照样敲开瓶颈，在显微镜下观察其中的肉汤。

"呵，这是什么？"他喊起来，他看到显微镜的视野里有一些小生物在自由嬉戏。最后，他又取出那些虽然煮过一小时，但仅用软木塞塞口的瓶子，拔掉木塞，取出肉汤，同样在显微镜下观察。他又看到了那些小生物，像深海里的小鱼，密密麻麻。

"我明白了！"斯巴兰扎尼叫道，"小生物是从空气中进入尼达姆的瓶子里的。我还发现，有些小生物可以在经受高温后仍然活着，你必须煮沸一小时，才能把它们杀死。"

斯巴兰扎尼立刻向世人公布了他的实验结果："生命只能来自生命，每一种生命只能来自它的母体，哪怕最简单的生命也是如此。用火焰融合烧瓶的瓶颈，外面的东西就进不去了，然后把它们加热足够的时间，再顽强的生物也会死掉。即使把这样的肉汤放置100年，也不会自己产生出生命来。"

斯巴兰扎尼的实验，对"自然发生说"是一次有力的打击，可是他还没有说服所有的人。有的生物学家争辩说，自然界里不存在煮沸现象，自然生殖有可能是借助空气中某些化学物质完成的，不然为什么经过煮沸的肉汤一接触新鲜空气就会产生出微生物呢？斯巴兰扎尼把肉汤煮沸的时间太长了，破坏了瓶子里的气体和化学物质，所以肉汤里面就再也产生不了小生物了。

看来，"肉汤为什么变臭"的大论战还要继续下去。这个问题最后是由谁解决的呢？

● 揭开啤酒变酸之谜

19世纪，法国出了一位伟大的科学家，他的名字叫路易斯·巴斯德。巴斯德从小胸怀大志，不过他的志向不是研究微生物，而是做一名化学家，因为他生活的时代，正是化学研究的黄金时期。化学家们好像魔术师一样，他们揭开了燃烧的秘密，寻找出一个又一个新元素，把一种物质转化为另一种物质。巴斯德一天到晚钻进实验室里，做着各种各样的化学实验。但是，他的实验失败的时候多，成功的时候少……就在这时，一个偶然的机会改变了他的发展道路，使

他转向了对微生物的研究。巴斯德以他卓越的才华和为科学献身的精神，把微生物作为满足人们好奇心的对象转变为科学研究的对象，从而引发了一场微生物学的革命。巴斯德引发的这场革命是从研究啤酒变酸开始的。

当时，法国的资本主义得到了极大的发展，农业已相当发达，随着葡萄的大面积种植，酿酒业成为法国的支柱产业之一。但长期以来，啤酒变酸问题就像幽灵一样，笼罩在法国制酒业的上空，使啤酒厂蒙受了巨大的损失。

事情是这样的，酒厂用传统方法酿出的啤酒，放不了多久就会变酸，放的时间越长，酸味越重，有时一桶酒变酸了，紧接着所有的酒都变酸了，结果是大桶大桶的啤酒因不能饮用而不得不倒掉，致使酒厂每天损失好几千法郎，酒厂老板为此伤透了脑筋。他们想不明白，好端端的啤酒为什么会变酸呢？就在大家苦苦思索找不到答案时，他们忽然想起了当时大名鼎鼎的化学家巴斯德，于是就给巴斯德写信，请他来帮助解决啤酒变酸的问题。

巴斯德首先将未变质的啤酒放在显微镜下观察，发现里面有微生物活动。这种类型的微生物身体浑圆，好像一个个胖娃娃，这实际上是酿酒不可缺少的酵母菌。巴斯德又取出一些散发着酸味的变质啤酒用显微镜仔细观察起来。"咦，这里面的酵母菌怎么这么少？它们躲到哪里去了？"巴斯德很纳闷，他继续观察着。"这是什么？身体瘦瘦的，看上去像根细棒。怎么与酵母菌长得不一样了？"

啤酒为什么酸了呢

那天夜里，他怎么也睡不着觉。第二天一早，他又扑到显微镜上继续观察起来。

巴斯德是一个善于动脑子的人，他设想：既然酵母菌在好酒和变质酒里都存在，说明酵母菌不能使酒变酸；另一种细而长的微生物只在变质的啤酒中出现，那么酒的酸味会不会与它有关呢？如果是这样，几乎可以肯定，这种细而长的微生物可以产生一种有酸味的物质，啤酒变酸正是由于这种物质引起的。

巴斯德又进行了大量的观察、研究，仔细辨别变质酒中各种微生物的形态，最终得出了结论：酒变质与微生物的存在及繁殖有关。巴斯德于1857年发表了《关于乳酸发酵的记录》。在这本书中，巴斯德第一次提出了发酵的本质，即发酵是由微生物作用的结果，每一类型的发酵都是由一种特定

的微生物引起的。酵母菌引起酒精发酵，通过酵母菌的分解作用，使糖变成了酒精。在变质的酒中，那种细长如棒的微生物是乳酸杆菌。乳酸杆菌可以引起乳酸发酵，通过乳酸杆菌的分解作用，可以把糖变成乳酸。由于在酿酒过程中污染了乳酸杆菌，它们把一部分糖变成了乳酸，乳酸是有酸味的物质，因而啤酒变酸了。

答案找到了。巴斯德把酒厂老板们都叫来，告诉他们："啤酒变酸的原因是由于一种叫作乳酸杆菌的细菌在作怪，使酒变酸了。"这些老板们根本不相信，这种微不足道的小东西怎么能使啤酒变酸呢？巴斯德又说："你们可不要小瞧了这些小东西，我能用眼睛来辨别啤酒是不是变酸的。"老板们更不相信了，因为辨别啤酒的好坏，历来都是评酒师们用嘴品尝的，从来没有人能用眼睛来辨别啤酒是否变酸。

酒厂老板们拿来许多种酒，有好啤酒，也有变酸的啤酒，还有的老板将好酒和变酸的酒掺和起来请巴斯德检查，然后再请一个有名的评酒师来鉴定。巴斯德把每瓶酒逐个滴在玻片上，放在显微镜下观察，根据乳酸杆菌的有无、多少来判定啤酒是否变酸和变酸的程度。结果每一种酒都被巴斯德说准了，老板们这才信服了。

如何防止啤酒变酸呢？巴斯德告诉老板们，问题的关键在于抑制杂菌的繁殖。要想使酒不变酸，只需将酒加热到50～60摄氏度，保持30分钟左右，把乳酸杆菌等杂菌杀死，啤酒就不会变酸了，这就是著名的"巴斯德消毒法"。直到今天，这种方法在食品工业上仍然被广泛应用着。

从此，法国的啤酒业又恢复了生机。

● 出色的实验家

刚解决了啤酒变质问题，又一道科学难题横在了巴斯德面前。酒变酸是由于乳酸杆菌发酵的缘故，那么乳酸杆菌是从哪里来的呢？这很容易让人想到，是不是由酒液的非生命物质自然发生的。因此，自然发生说又复活起来，人们围绕着"微生物能不能自然生成"的未解之谜继续展开大论战。当时法国科学院特意成立了一个负责自然发生说的仲裁委员会，它的宗旨是"平息这场无休止的、最近又日趋激烈的争论"。法国科学院还做出决定，凡是能用可以证实的精确实验阐明生物原始发生问题的人，将被授予奖金。结果，这项奖金被巴斯德获得了。

要驳倒自然发生说不是件容易的事，况且自然发生论者人多势众，其中不乏当时颇有名望的科学家，公众的舆论对巴斯德也很不利。

然而，巴斯德不愧是一个伟大的天才，他不仅有高超的实验技能，更难能可贵的是他严密的科学思维方法和逻辑推理能力。他设想，要是生物真能随时随地由非生命物质转化

而来，那么，酒变质是不可避免的，因为即使把酒中的杂菌杀死，过后它们还会再长，所以要解决酒变酸的问题是不可能的。但事实证明，经"巴斯德消毒法"处理后的酒只要妥善保管，就不会再变酸，这说明实际情况并不像自然发生论者所想象的那样。酒中的乳酸杆菌肯定是来自周围环境，极有可能来自空气。

如何证明空气中含有微生物呢？巴斯德做了这样一个实验：他把一团棉花放在水中煮沸，直到杀死棉花和水中的全部细菌。然后，他把新鲜空气打入棉团，再将棉团放入原来的无菌水中立即观察，结果棉花和水中都有微生物生存和繁殖。这似乎可以证明空气中含有微生物了。

可是，反对者横挑鼻子竖挑眼，硬说这些微生物不是来自空气，而是在无菌的棉团和水中自然生成的。

巴斯德又设计了一个实验：用一块无菌棉团过滤空气，然后迫使过滤后的空气穿过第二块无菌棉团，再将第二块棉团放入水中，结果发现，在水中没有微生物出现。为什么呢？唯一可能的解释是：第一块棉团阻截了空气中的微生物，使它们无法接触到第二块棉团或无菌水，所以第二块棉团和无菌水中没有微生物出现。这回自然发生论者该无话可说了。

巴斯德以其独具匠心的实验，证实了空气中含有微生物的结论。这无疑给自然发生说一记重锤。然而，自然发生论者仍然千方百计维护自己的学说。他们所持的一个普遍论点是：空气是产生生命必不可少的条件，隔绝了空气，生物就不能自然发生。无论取自何处的空气，都保证能产生出大量的微生物来。巴斯德深知，越是对方坚持的地方，也正是其脆弱的地方。

这一回，巴斯德又耗费了大量的精力，终于设计出了一个新的实验，一个非常著名的实验。他把肉汤灌进两个烧瓶里，第一个烧瓶就是普通的烧瓶，瓶口竖直向上；而将第二个烧瓶在火焰上熔化瓶颈，不是将它融合，而是把它拉长，弯曲成天鹅颈一样的曲颈瓶。然后把肉汤煮沸、冷却。两个烧瓶都没有用塞子塞住瓶口，而是敞开着，外界的空气可以畅通无阻地与肉汤表面接触。他将两个烧瓶放置一边。过了三天，第一个烧瓶里就出现了微生物，第二个烧瓶里却没有。他把第二个瓶子继续放下去：一个月、两个月、一年、两年……直至四年后，曲颈瓶里的肉汤仍然清澈透明，没有变质。这是为什么呢？

巴斯德解释说，因为第一个烧瓶是顶端开口，悬浮于空气中的尘埃和微生物，可以落入瓶颈直达液体，微生物在肉

著名的曲颈瓶实验

汤里得到充足的营养而生长发育，于是引起了肉汤的变质。第二个烧瓶虽然也与空气相通，但瓶颈拉长弯曲，空气中的尘埃和微生物仅仅落在弯曲的瓶颈上，而不会落入肉汤中生长繁殖引起腐败变质。

巴斯德以令人信服的实验赢得了舆论的一致支持，自然发生论者自知理亏，于1864年6月宣布退出这场辩论。这场旷日持久的大论战以自然发生说的失败而告结束了。

● "隐身刺客"现形记

"巴斯德一人的发现，就足以抵偿1870年法国付给德国的战争赔款。"这是一位著名科学家在评价巴斯德的成就时说的一番话。

的确，巴斯德把毕生的精力献给了科学事业，为人类认识微生物和清除微生物带来的危害做出了巨大的贡献。在解决了啤酒变酸问题和否定了自然发生论的观点之后，巴斯德又投身到病原菌的研究中，他先后发现了产褥病、炭疽病、鸡霍乱、狂犬病、蚕微粒子病等多种疾病的病原体。

巴斯德决心征服狂犬病的时候，已经是60岁了，他头发花白，行动不便。我们现在很难理解当时他为什么选择了狂犬病作为新的突破口。因为那时候还有十几种更严重的疾病如鼠疫、白喉、梅毒等，它们对人畜的危害要比狂犬病大得多，而且研究狂犬病也比研究这些疾病要危险得多。

也许是狂犬病患者临死前的痛苦景象从小给巴斯德留下的印象太深刻了。他曾经说过："我总是忘不了小时候在家乡阿尔布瓦街上见到的那些被疯狗咬了的人。他们四肢抽搐，牙关紧闭，抽风不止，害怕强烈的阳光和声音，到最后总是在可怕的痉挛中死去。"

那是1882年的一天，一个叫伯雷的老兽医给巴斯德牵来几只疯狗。巴斯德把疯狗同几只兔子关在一个笼子里，让疯狗去咬兔子。尽管疯狗口流涎水，狂吠不止，却不肯向吓得浑身发抖的兔子发起进攻。于是，巴斯德让助手把疯狗牢牢地绑在一张桌子上。他嘴里叼着一根细玻璃管，俯下身去，对着狂怒的疯狗的嘴巴，小心翼翼地把有毒的唾液一滴一滴地吸入口中的玻璃管里。这真是千钧一发之际，因为巴斯德的头距离疯狗淌着唾液的嘴巴只有几厘米远，万一被疯狗咬

科学探索需要无畏的献身精神

着，或者不慎将那些有毒的唾液吸到肚子里去，那后果将真是不堪设想的……

直到摄取了足够的唾液以后，他才直起身来，对那些围在他身边、为他捏着一把汗的助手们若无其事地说："好了，各位，我们开始干吧！"于是，他们把这些唾液给4只健康的狗和6只兔子注射，然后观察它们是否出现狂犬病的症状。一天、两天、三天……6个星期过去了，有两只狗开始在笼子里乱窜，龇牙咧嘴，不停地狂吠——它们患上了狂犬病，而另外两只狗却若无其事。同样，兔子也是有两只在痉挛中死去，另外4只安然无恙。

这是为什么呢？巴斯德苦思冥想了好几天。有一天，他突然悟出了其中的道理：从狂犬病的症状来看，像是动物的神经系统受到了损伤，它们很可能是钻进动物的脑和脊髓里以后，才使动物致病。于是，巴斯德和他的助手们把一只健康的狗麻醉，然后在它头上钻一个小孔，再用注射器吸一点儿刚死于狂犬病的兔子的脑浆，从这个小孔注射进去。

过了两个多星期，这只狗开始嗥叫，乱咬笼子，它患上了狂犬病。

现在，巴斯德终于找到了可靠的办法，使狗、兔子、豚鼠等动物百发百中地感染上狂犬病，但遗憾的是，他无法在培养液中培养这种导致狂犬病的微生物。因为它太小了，就好像是专门在黑夜里杀害人畜的"隐身刺客"，你可以看见在痛苦的痉挛中死去的人和动物，却看不见这些微小的生物。不管用当时多么好的显微镜观察，也无济于事。

不过，巴斯德并没有被困难吓倒。他对助手们说："我们看不见这种微生物，因为它们实在太小了。但是我们仍然可以培养它们，就是在动物的脑子里培养。"

现在，巴斯德要驯服这个"隐身刺客"了。他想出一个绝妙的方法来，将一小片因患狂犬病而死的兔子的脊髓组织放到玻璃瓶中，让它自然干燥。过了十几天以后，他把这些已经干瘪的脊髓组织拿出来捣碎，溶解在注射液里，给健康的狗注射，这一次，被注射的狗没有患上狂犬病。巴斯德对助手们说："这些'刺客'的毒性已经减弱了。我们再来试一试，让病组织干燥12天、10天、8天……看看能不能让狗稍微得一点儿狂犬病，从而使它们获得免疫。"

于是他们一股脑儿钻进实验室里，一心一意地做着这种既没有先例又没有把握的实验。第一天，他们给狗注射干燥14天、几乎没有毒性的病组织；第二天，注射干燥13天、略带一点毒性的病组织；然后是12天的、11天的……直到第14天，他们给狗注射了仅干燥1天的病组织。

决定成败的时刻来到了。他们给4只狗（其中两只接种过病组织，另两只没有接种过）分别注射了一剂足以致它们于死地的狂犬病毒溶液。过了一个月后，两只没有接种过病组织的狗因患狂犬病而死了，而另外两只接种过的狗却在笼子里欢蹦乱跳，东闻闻西嗅嗅，没有一点儿病态。

实验成功了！这已经是1885年的事情。经过整整3年的

努力，巴斯德和他的助手们终于研制出了狂犬病疫苗。

1885年7月6日，一个令人难忘的日子，这天巴斯德第一次用狂犬病疫苗为一个名叫麦思特的孩子治病。这个孩子被疯狗咬了14处伤口，要是在过去，他百分之百地没命了。但经过巴斯德的治疗后，麦思特竟然奇迹般地恢复了健康。今天，我们预防狂犬病同样得益于巴斯德发明的狂犬病疫苗。

"隐身刺客"究竟是什么模样，巴斯德一直也没有见过，而且在他逝世后很长一段时间，医学家和生物学家都无法找到这个奇怪的病原体。直到电子显微镜问世以后，科学家们才终于弄清楚，原来它们是一种比细菌还要小得多的微生物，它的名字叫"狂犬病毒"。

征服狂犬病，是巴斯德一生光辉事业的顶峰，他的名字传遍了全世界。许多国家的政府和大公司，都纷纷向他捐款捐物，资助他建立一个专门研究微生物的机构，这就是著名的"巴斯德研究所"。

狂犬病曾给人类带来过巨大的灾难

● 琴纳征服了天花

琴纳是18世纪英国一个叫伯克辛的小镇上的医生。在他生活的那个时期，欧洲大陆流行着一种非常可怕的疾病，名叫天花。天花如同死神的阴影，出现在哪里，哪里就要遭殃，它蔓延十分迅速，死亡率极高，即使是幸存活下来的人，满身满脸也会布满了天花的水疱留下的难看疤痕，变成面目可憎的"麻子"脸。那时，不仅老百姓对天花惊恐万分，就是皇宫贵族们，也吓得坐立不安。琴纳从小喜爱医学，在目睹了天花残害人类的悲惨情景后，他发誓长大后要为人们寻找一种制服天花的办法。

早在宋朝，我国民间就有人发明了人痘接种法，也就是用天花的痘痂接种未生天花的人，以预防天花。这种方法后来传到了俄国、土耳其、日本和英国。种人痘的手术非常复杂，首先要给被接种的人频繁放血，故意削弱他的抵抗力，然后让他服用一种特制的汤药。为了利于汤药的吸收，在服药期间每天只能吃很少的食物，最后才能给他接种人痘。整个手术要持续6个星期，即使是这样，许多人后来仍然染上天花，送了性命。

琴纳从种人痘的方法中得到启示。他想，能不能找到一

种更为安全可靠的方法预防天花呢？

　　有一天，一个牧场里挤牛奶的妇女前来看病，琴纳医生怀疑她患的是天花。那个妇女却满有把握地说她已出过牛痘，不会再患天花了，琴纳将信将疑。几天后，琴纳恰巧在小镇上遇到了那个妇女，她身体健壮，精神振奋，没有病容。琴纳大吃一惊，心想，难道因为感染过牛痘就能躲过天花的侵袭吗？他在脑子里连连画了好几个大问号。之后，琴纳在小镇上作了调查，果然发现，长久以来镇子里众多挤奶姑娘中竟没有一个人死于天花或变成麻子脸。这是什么缘故呢？他经过长期认真的观察和分析，终于得到了答案。

　　于是，琴纳打起行装到乡下去，年复一年蹲在牛棚里，认真观察挤奶妇女从奶牛身上感染天花的过程，以及怎样度

哦，挤奶姑娘没得天花

过这一生死难关。原来，牛痘是发生在奶牛和其他牲畜身上的一种疾病，症状很像天花。女工在挤奶的时候，手上沾了牛痘的脓液，就会感染上牛痘，不过得牛痘并没有危险，只不过发几天低烧、长一两个小水疱罢了，而且痊愈以后，终身不再得天花。

经过长达24年的观察和实验，琴纳终于发明了种牛痘预防天花的好办法。

世界上第一个接种牛痘的是一位8岁的男孩菲普士，时间是1796年5月14日，这是一次决定性的实验。琴纳找到一个正在感染牛痘的挤奶女工，把一根细针刺进这个女工的手臂上的水疱里，蘸了一点脓液，然后用这个针划了划菲普士的手臂皮肤。琴纳每天去看望菲普士，观察有什么现象。从第2天开始，小男孩出现发低烧、食欲不振、接种处化脓等症状；但是到了第8天，小男孩的烧开始减退，接种处的水疱也逐渐消失，最后留下一个小小的疤痕；又过了一周，他像往常一样健康活泼了。接种实验成功了，但小男孩以后到底会不会得天花呢？

6个星期以后，琴纳冒着极大的危险，又给菲普士接种了天花病人的痘浆。他辗转反侧，夜不能寐，提心吊胆地注意着这个男孩的每一个变化。但是几个星期过去了，小男孩安然无恙，连轻微的反应都没有，这说明菲普士获得了对天花的免疫力。

琴纳把他的实验报告送交皇家学会，可是那些高贵的医学权威们对他的报告却嗤之以鼻。他们发出可怕的预言，说

那个接种了牛痘的孩子咳嗽的声音已经像牛叫的声音，脸上已经长出牛毛，眼睛也已经像公牛一样看人，变成了一个牛面孩。还有，凡是接种牛痘的人都要染上牛狂症，长出牛角和牛尾巴来……

但是，实践是检验真理的标准。琴纳接种牛痘的方法却在民间不断地传播。后来，当天花再流行的时候，许多人都跑去找琴纳接种牛痘，他们从此再没有感染上天花。直到1874年，也就是在琴纳第一次做牛痘接种实验78年之后，德国才作为世界上第一个国家在法律上规定接种牛痘预防天花。

琴纳的实验为人类找到了战胜天花的法宝。免疫的概念就是从预防天花开始的，它为人类后来战胜许多传染病开辟了道路，为人类的文明做出了巨大贡献。但是，牛痘为什么能预防天花？这究竟是怎么回事？琴纳当时还无法解答。

1823年，74岁的琴纳去世了。为了纪念这位平凡而伟大的乡村医生，人们给他竖立了一座雕像——一位聚精会神的医生，正在为他抱着的婴儿接种牛痘。在雕像的下面写着这样一句话："向母亲、孩子、人民的英雄致敬！"

● 细菌学之父

在微生物学发展史上，曾经有一颗闪烁着熠熠光辉的明星，他就是德国科学家科赫。

科赫于1843年出生在德国汉诺威的一个普通家庭，他自幼聪慧好学。1866年他从格丁根大学医学系毕业，并取得医学博士学位。普法战争期间，科赫志愿投身前线任随军外科医师，这为他以后的研究工作积累了丰富的经验。战后，他定居在偏僻的布雷斯劳，做了一名乡村医生。

细菌学之父——科赫

科赫一边给村民看病，一边废寝忘食地研究细菌。当时，有一种严重危害畜牧业的怪病在欧洲大陆上肆虐横行。患上这种病的牲畜不吃不喝，耷拉着脑袋，而且很快死去，甚至连牲畜的主人也因染上它而难逃厄运。这就是炭疽病，一种可怕的传染病。

科赫所在的布雷劳斯地区炭疽病也十分流行，他下决心要攻克这一病魔。他把因患炭疽病而死亡的牛羊的血涂在玻片上，放在显微镜下观察，结果发现除圆饼状的红细胞外，还有一条一条像火柴梗一样的小虫在颤动。而他检查健康牛羊的血却从未发现过这种小东西。他又把带有这种小棒一样东西的牛羊血注射到健康的牛羊身上，不久健康的牛羊也因得炭疽病而死掉了。经检查，这些死掉的牛羊血液中也存在着小棒样的小虫。科赫自言道：呵，原来牛羊的炭疽病是由于这种棒状的小虫子在作怪！之后，他又在小白鼠身上做实验，得出了同样的结果。这样，科赫发现了炭疽病的罪魁祸首——炭疽杆菌。

科赫还注意到：牲畜不仅可以被患病的牲畜传染，而且被患病牲畜踏过的草地、吃过的饲料也能引起传染，有时这种传染能持续好多年。科赫心想：这种病菌肯定能以某种方式传播，就好像一些植物的种子可以任意随风飞舞一样，牲畜一旦接受了这种飞舞的"种子"就会引起疾病，这种"种子"可能具有某些特殊的构造，能抵抗外界恶劣环境的影响，几年后仍能保存活力。经过反复思考和潜心研究，科赫得出了自己的结论：在一定条件下，炭疽杆菌形成芽孢。芽孢不仅能生长，而且还能潜伏好几年。健康牲畜吃了被患病牲畜的排泄物、分泌物所污染的饲草或饲料，就会发病。这种通过病菌的传播而引起疾病流行的过程，就是传染。

可怕的炭疽病

科赫根据自己的结论，提出了确定病原微生物的严格准则，即科赫法则：（1）一种病原菌必定存在于患病动物中，并且在同一条件下具有不变的特性；（2）这种细菌也一定能够在培养基中分离出来；（3）如果把培养的活菌体接种到另一敏感动物身上，同样的疾病一定能够重复出现。科赫还从炭疽病的研究中得出另外的结论，即炭疽病的病因方式是传染：一种病原体在一定的条件下引起同一种疾病。

科赫研究得出的这些结论，在医学史上具有重大的意义，这是人类第一次证明：特定的疾病是由特定的病菌引起的。使人类认识到传染病的本质是一种病菌在动物体内的寄生，传染病的流行方式是传染，从而为传染病的预防和治疗开创了一个新领域，为现代细菌学和传染病学奠定了基础。

科赫以不朽的业绩赢得了人们的称颂，被誉为"细菌学之父"。

● 缉拿传染病的元凶

在自然界中存在的细菌成千上万，它们常常混杂在一起生活繁殖，细菌的身体又那么小，要想从中找到并分离出我们需要的细菌，犹如大海捞针，难上加难。在科赫之前，从来没有人能够分离得到一种纯的病原菌。找不到病原菌，要诊断和治疗这种病简直是不可能的。

以前，许多科学家都在这个问题上花费了很大的工夫。他们根据不同细菌的口味，为它们配制了可口的饭菜——培养基。所谓培养基，就是人们根据微生物的需要，为其配制的营养，其中含有某种微生物生长、发育及繁殖所必需的各种有机物、无机物和水分等。例如，用牛肉汁再添加一定的成分，就可以作为某种微生物的培养基。培养基实际上有点类似于现在人们用来饲养动物的复合饲料，只不过饲料是用来喂养动物，而培养基是用来培养细菌罢了。

1866年，法国科学家巴斯德设计了一种适宜细菌生长的半合成液体培养基，这是人类为细菌配制的第一个培养基。在此基础上，其他科学家又设计了各种培养基。但所有这些早期的培养基都是液体的，用这样的培养基要获得细菌纯种并进行纯培养是很不容易的。科赫为了找到分离纯化细菌的办法，也做了大量的实验，但是都失败了，科赫为此茶饭不思……

一天，科赫在厨房里无意间发现半生半熟的土豆上长出了一些分散的红色的、白色的小圆点，这是一堆细菌在土豆表面上生长繁殖起来的菌落。他拿起土豆想了想，又放在显微镜下观察，发现红色小点内全是球菌，而白色小点内则全是杆菌。科赫受到了启发，他想：应用固体的培养方法，由于细菌不能像在肉汤里那样可以自由游动，每一个细菌只能在固定的地方生长、繁殖，最后就变成了一小堆细菌，即菌落。根据菌落的特点，不就可以选择分离出所需的菌种，从而实现纯培养了吗？于是，科赫使用的第一个固体培养基就是切开的熟土豆的表面。

为了防止空气中微生物的感染，他的操作都在一个钟罩下面进行。首先用火焰烧过的小刀斜切开土豆，然后用灭过菌的针尖蘸取少量要培养的混杂的菌类，在土豆切面上轻轻地来回划几下。培养一段时间后，接种的菌类就会向四周蔓延，最后覆盖整个表面。科赫还注意到，如果接种时的实验材料较稀，则会看到在土豆切面的不同部位着生着不同颜色的菌落。可以肯定的是，同一颜色的菌落来自同一个菌种。科赫根据菌落颜色的不同，将同一颜色的菌落取出，再经两次以上同样的培养，最后总能获得纯种。

1881年，科赫正式发表了用土豆分离细菌的技术，引起了科学家们极大的关注。这种在固体培养基上画线分离微生物的方法，就这样由科赫建立起来了，并一直沿用至今，成为微生物学实验技术中最经典同时也是最基本的方法之一。我们今天在实验室里，常常可以看到一个个圆形有盖的小玻璃皿，这就是盛固体培养基的培养皿。

但是，土豆的养分毕竟有限，不可能满足各种菌的口味，它的应用受到很大程度的限制。如何找到一种理想的凝固剂呢？科学家们仍然在思考着、寻找着。

正当科赫为此大伤脑筋的时候，他的一个助手的妻子帮助解决了这个难题。这种让科赫朝思暮想的物质是什么呢？原来就是名不见经传的琼脂。琼脂又叫洋菜，是从石花菜等海藻中提取的物质，历来用作果酱、奶糖等食品的添加剂。琼脂用作培养基凝固剂，简直达到了尽善尽美的地步。首先，琼脂不加热到100摄氏度不会熔化，而一旦熔化成液体，在温度高于45摄氏度时仍可流动，但低到45摄氏度以下就会凝成固体。利用琼脂这个特点，在实验室里很容易把它与培养基的其他成分在45摄氏度以上混匀，倒入培养皿中制板；而在室温下，它又能凝成固体，这又为我们接种、分离和观察微生物带来了极大的方便。琼脂的第二个特点是它本身含营养成分少，它既不会被细菌分解，也不会抑制细菌生长。由于琼脂的这些特点，使它从被发现开始就成了凝固培养基的理想材料，并一直应用到今天。

分离纯种细菌的难题终于被科赫发明的固体培养法攻克了，但是新的问题又接踵而来。细菌的身体非常小，而且无色透明，用显微镜观察总是看不清楚。为了便于分辨它们，科赫又经过无数次的试验，最后找到了一种好方法。他用一种叫作苯胺的化学物质对细菌进行染色，好比给细菌穿上了漂亮的彩色外衣，放在显微镜下就能看得清清楚楚了。这是科赫对微生物学的又一大贡献——细菌染色法。

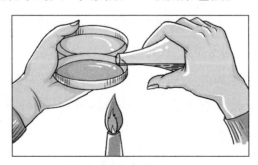

将培养基倒入细菌培养皿内

科赫一生都致力于细菌学尤其是致病菌的研究，在生物学、医学等领域做了大量开创性的工作。他在分离培养病原微生物的过程中所创立的接种、分离、培养和染色等技术方法，为微生物学奠定了牢固的实验基础，并沿用至今。科赫利用这些技术，分离了许多种致病菌。他在1880年分离出伤寒杆菌；1881年发明了蒸汽杀菌法；1882年成功地分离出了引起可怕的结核病的致病菌——结核杆菌，并论证了它的致病机理；1883年发明了预防炭疽病的接种法；1884年又分离出了霍乱弧菌；1890年，培养出了结核杆菌素，并用来诊断和治疗结核病。由于科赫对科学的卓越贡献，1905年他被授予诺贝尔生理学及医学奖。

科赫攻克了一个又一个科学难题，他一生成就辉煌，建树颇多，这与他深入实际生活、从实践中发现问题是分不开的。科赫生活严谨，思维敏捷，富于探索精神，善于观察问题，喜欢从独特的角度发现别人不容易看到的问题的另一面，并以此为突破口探索问题的本质，最终找到了解决的办法。这些对于我们今天的科学研究仍是很好的启迪。

● 意外失误中的伟大发现

这是一个天赐的良机，这是一次百年难遇的巧合。可是，如果没有碰上一个早有准备的头脑和一双已经苦苦寻找它10年的锐利眼睛，也许直到今天，我们也不会认识这种拯救了多少人生命的神奇药物——青霉素。

青霉素是人类发现的第一个抗生素。它是由英国细菌学家弗莱明在一次意外失误中发现的。青霉素的发现，是微生物学的最重大成就之一，而它那离奇的发现过程，更是科学史上一段最富启发性的佳话。

弗莱明很早就开始研究灭菌和防止感染的方法。第一次世界大战期间，他在法国一家野战医院工作。那时，死在医院里的伤员人数要比在战场上直接死在敌人枪炮下的人数多得多，而且绝大多数人都是死于伤口感染。如果在显微镜下观察病人伤口处的组织，就可以看到蜂拥着无数可怕的葡萄球菌，它们好像是列队穿梭的恶鬼。

在此之前人们研究出的一些灭菌药物，虽然能杀死葡萄球菌，但同时也能破坏人体内正常的白细胞。能不能找到一种既可以大量杀死细菌，同时又对人体组织无害的物质呢？

战后的10年里，弗莱明一直在研究这个问题。他在牛奶、鸡蛋、蔬菜里，甚至人的唾液里寻找这种物质。后来，他在人的眼泪里发现了一种叫"溶菌酶"的物质。这种物质有一定的杀菌能

英国科学家弗莱明

力，可惜威力太小，解决不了问题。

1928年，弗莱明开始研究葡萄球菌。葡萄球菌是一种圆形小点样的细菌，它们常常聚集成群，好像一串串葡萄一样，因此人们给它取名叫葡萄球菌。这种病菌一直是人类许多疾病的祸首，弗莱明下决心要找到制服葡萄球菌的武器。

弗莱明每天在实验室里繁忙地工作着、研究着。

葡萄球菌在不同的培养条件下繁殖起来的菌落，可以产生不同的形态变化。每天弗莱明在几十个培养皿里接种上葡萄球菌，在培养皿中配制各种养料，调节不同的温度。通过繁杂而细致的观察，来了解影响细菌变异的各种条件。

每天早晨，弗莱明都耐心地打开一个个培养皿的盖子，取出一点细菌菌落涂在玻片上，染色以后放在显微镜下观察它们的形态。当他打开培养皿盖取出培养的细菌时，在空气中漂浮的一些其他微生物——细菌或霉菌，就有可能乘虚而入，落到培养皿中，这些家伙在培养皿中得到丰富的营养，也会生长繁殖，从而妨碍了正常实验的进行，这就是细菌研究工作中常说的染菌。染菌的情况，几乎在每个细菌实验室里都经常发生。如果发生了染菌，只得重新进行培养，这无疑增加了工作的难度。细菌学家们最讨厌这种不速之客。

一个初夏的早晨，弗莱明照例进行着他的工作。突然，他的目光停留在一只被污染了的培养皿上。一种来自空气的青绿色的霉菌落到培养皿中，并且繁殖成了一个菌落，这就是青霉菌。

意外中的伟大发现

　　本来，这也没什么值得大惊小怪的。但是，当他拿起这只培养皿对着亮光仔细观察时，他惊奇得几乎大叫起来。弗莱明发现了一个有趣的现象：在这个青霉菌菌落的周围，原来成片生长着的葡萄球菌，现在全都死亡了，在菌落的周围形成了一个空白透明的圈儿。

　　弗莱明灵机一动，他在青霉菌菌落周围的"空白地带"挑取了一星点儿培养基，放在显微镜下认真观察。原来的葡萄球菌已经不见了，它们被溶解了，只有普通的青霉菌。"这是为什么呢？"他自言自语地说。

　　"这些青霉菌一定能够分泌某种杀菌物质，它们在培养基里扩散，杀死了那些葡萄球菌。我一定要查个水落石出。"于是，弗莱明立即行动起来，他小心翼翼地把青霉菌这个不速之客放在肉汤里培养，让它们生长繁殖。然后把肉汤进行过滤，得到一小瓶澄清透明的滤液。他把这种滤液在

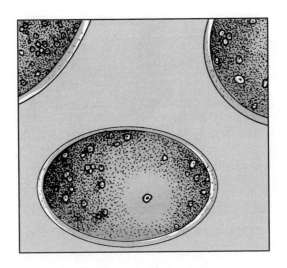

青霉菌周围形成了明显的"空白地带"

长有葡萄球菌的培养基上滴了一小滴，几小时后，原来长势茂盛的葡萄球菌竟然全部被杀死了。

奇妙呀，奇妙，凶恶的葡萄球菌被青霉菌制服了！

弗莱明又把这种滤液用水稀释。结果，百分之一的稀释液就可以杀死葡萄球菌，甚至八百分之一的稀释液仍然具有杀菌能力。

但是，这种具有强大杀菌能力的奇异物质，对人体是不是安全呢？

弗莱明又进行了一项新的实验。他给一只豚鼠注射大量葡萄球菌，使它致病，然后向这只豚鼠的血管里注射了一针滤液。豚鼠没有死去，也没有出现任何异常症状。动物实验成功了，说明这种物质有可能对人体也是安全的，它可能具有医用价值。

对实验动物安全的"盘尼西林"是人类的灵丹妙药吗

弗莱明把这一重要发现写成一篇报告，1929年发表在英国皇家《实验病理季刊》上。他把这种由青霉菌分泌的能杀菌的物质叫"盘尼西林"，也就是我们熟悉的青霉素。

青霉素——能杀死细菌而对人体无害，这不正是千百年来人们苦苦寻找的灵丹妙药吗？

弗莱明在偶然的情况下发现了青霉素，这也许是一种巧合。在那么多的实验室里，染菌的情况是屡见不鲜的，只是被人们不经意地随手仍掉了。只有弗莱明注意到了这个似乎寻常而又不正常的细节，并从中得到意想不到的收获。其实，这并不是一种偶然的巧合，而是弗莱明长期以来在科学研究中养成认真细致观察的良好习惯的结果，这是偶然中的必然。

遗憾的是，弗莱明发现的青霉素当时并没有马上得到推广应用。因为在培养青霉素的滤液里，青霉素含量太少了。即使用它来治疗人体皮肤上一个小伤口，恐怕也要收集几千毫升的滤液，而要杀死人体内的病菌，需要量就更多了。但是怎么可能把这么多的滤液全部灌到人体内呢？由于弗莱明缺乏化学方面的知识，当时还无法把青霉素分离提炼出来。他对青霉素的研究工作不得已停止了。

时间过去了整整11年。

一直到20世纪40年代，也就是第二次世界大战期间，科学家们经过艰苦的努力，终于解决了青霉素生产过程中的种种难题，实现了青霉素的工厂化批量生产。从此，人们把青霉素当作杀灭病菌、拯救生命的灵丹妙药。直至今天，全世界每一所医院里的医生都在广泛地应用着青霉素。

青霉素的发现使人类的平均寿命提高了20多岁，它给人类带来的福音是巨大的、难以估量的！

二、漫游微生物王国

● 微生物 "百家姓"

你见过UFO吗？你听说过外星人吗？

随着航空技术的发展，人类不但在月球上留下了足迹，还向太阳系以外的茫茫太空发射了探测器，人们正试图搜寻宇宙中除地球之外的其他可能存在生命的星体。然而，到目前为止，收获还是空空的。宇宙中除了强烈的宇宙射线、烈焰腾腾的太空大爆炸之外，看不到任何生命的迹象。而唯独地球这个宇宙的骄子，在其诞生后的不太久远的年代便有了生命，生命赋予了我们这个星球以无限的生机和无穷的魅力。

地球几经沧桑演变，地球上的生命也繁荣发展起来。现在地球上生活着200多万种生物，它们形形色色，绚丽多姿，装点着我们的环境。

如果要问：地球上都有哪些生物呢？你一定会如数家珍般地说出许许多多的生物名字来。各种花草树木、鱼虫鸟兽都是生物，就连我们人类自己也是生物界的一员，这些都是显而易见的。也许，有人会认为自然界的生命只有这些了。其实不然，地球上数量最多的恐怕是那些我们用肉眼看不见的、手摸不着的微生物了。微生物可称得上是地球生命中辈儿最大的"老祖宗"，它已经有几十亿年的历史。自从人类在地球上出现，微生物就一直与人类相伴走到今天。

微生物极其微小，因而长期以来，人们虽然几乎时时刻刻同它们打交道，却从来不识其"庐山真面目"。显微镜的发明和使用，为人类揭开微生物王国的奥秘提供了强有力的手段。从列文虎克发明的显微镜能把物体放大200多倍，到现在的电子显微镜能放大几十万倍甚至更多，人类凭借着不断改进的显微镜和其他方法，对微生物的形态和内部结构，还有它们的类别和生命活动等各个方面的认识，都有了长足的进步。

现在，人们已经认识到，绝大多数生物都是由细胞构成的，细胞是生物体的结构和功能的基本单位。如果说，万丈高楼是由一砖一瓦砌成的，那么，细胞就好比生命之砖。

生物细胞可分为两类，一类比较原始，结构简单，没有成形的细胞核，细胞质中也没有线粒体、叶绿体、内质网等复杂的细胞器，这一类细胞称为原核细胞；另一类细胞结构比较复杂，有核膜包围的成形的真正的细胞核，细胞质中有

各种类型的细胞器，称为真核细胞。根据细胞的有无以及细胞结构特点的不同，人们把微生物分为三大类，它们是原核细胞型微生物，例如细菌和放线菌；真核细胞型微生物，如真菌；非细胞型微生物，例如病毒等。

微生物个体很小，一般只有用显微镜把它们放大几百倍到几千倍，乃至几十万倍才能看清楚它们。

微生物结构都很简单，往往都是单细胞的，也就是说，一个细胞就是一个独立的生命体了。像无处不在的细菌、主要存在于土壤中的放线菌以及我们平时发面蒸馒头用的酵母菌等，都是单细胞微生物。

而有的微生物如病毒，小得连一个细胞都不是，它们专门生活在活细胞内，一个细胞里可以装下许多个病毒。在普通的光学显微镜下根本看不到病毒，只有在电子显微镜下把它们放大几万倍甚至几百万倍才能看清。

还有一些微生物的结构和生活介于细菌和病毒之间，它们有了类似细胞的结构，但是比细菌更简单，像病毒一样，也不能独立生活，必须寄生在活细胞内。如引起流行性斑疹伤寒的立克次氏体，引起人体原生性非典型肺炎的支原体，引起沙眼的衣原体等。

在微生物王国里，真菌属于真核细胞型微生物，它们的结构要比细菌、放线菌复杂一些。除了酵母菌是单细胞的以外，绝大多数真菌都是由许多细胞构成的。真菌细胞的结构也与高等植物细胞相差无几。在夏天里，如果食品放久了或衣物管理不当，就会长毛发霉，这是最常见的真菌，叫作霉菌。当然，在微生物的"小人国"里也有"巨人"，我们用肉眼就可以看到，如餐桌上常见的蘑菇、木耳、银耳、猴头等大型食用真菌。

地球上的微生物种类成千上万，它们无处不在、无所不能。可以说，我们每时每刻都在与微生物打着交道，甚至在我们的皮肤上、胃和肠道里也有大量微生物的存在。

微生物既是人类的朋友，又是人类的敌人。它们所做的好事和坏事可以使我们感觉到它们的存在。比如，你如果经常不洗手、吃没有洗干净的水果，就容易得痢疾；不随天气变化及时增减衣服易得感冒；家里买的肉食、蔬菜保管不好会腐烂变质，这都是微生物在作怪。而你每天吃的馒头、面包、酱油、醋，以及过年时餐桌上摆的酒等，这些好吃的东西，都是微生物帮我们制造的。如果没有微生物，我们就无法吃到这些东西，也就无法品尝到酸奶、果奶等饮料。

腐败细胞引起食物腐烂变质，我们不喜欢它，但从长远观点看，人类是离不开它们的，大自然也离不开它们。地球上每时每刻都有大量的生物死亡，如果没有这些腐败细菌的分解作用，用不了多久，地球上的动物尸体、植物的枯枝落叶就会堆积如山，生态系统的物质循环也就无法继续进行，人类也将无法生存，整个生态系统也就崩溃了。

我们要很好地研究微生物，控制和消灭有害微生物，充分利用有益微生物，让它们更好地为人类服务。

● "小人国"的主角

当你漫步在微生物王国，会发现在这个"小人国"里，细菌是一个"人多势众"的大家族。

提起细菌，你或许会首先想到能引起疾病、残害生命的病原菌，恐惧感和厌恶感油然而生。其实，我们大可不必谈菌色变。确实，有许多细菌是引起人体疾病的罪魁祸首，像霍乱弧菌、结核杆菌、肺炎双球菌等。但这些作恶多端的病原菌毕竟只占细菌的一小部分，绝大部分的细菌对我们人类是有益的，它们是人类的朋友。

细菌的身材非常微小。打一个形象的比喻的话，就是让大约1000个细菌一个挨一个地并列起来的长度，才相当于一个小米粒那么大。如果从河沟中取一些污水，在洁净的载玻片上滴一滴，然后盖上盖玻片，放在显微镜下，放大几千倍甚至几万倍，你才可以一睹细菌的"芳容"！

细菌的种类繁多，长相多种多样，但都是以单个细胞形式存在。它们的基本形态大体分为三种，即球形、杆形和螺旋形，因而我们可相应地把细菌分为球菌、杆菌和螺旋菌三种。

有的细菌身体圆鼓鼓的，像个小球，它们是球菌。在球菌中，有的我行我素，独往独来，过着单身生活，例如尿素

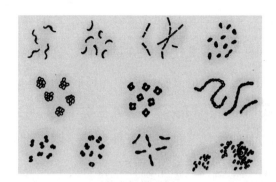

千姿百态的细菌

微球菌；有的喜欢出双入对，俩俩地存在，称为双球菌，例如引起人肺炎、中耳炎、胸膜炎的肺炎双球菌；也有的球菌爱热闹，喜欢成群结队生活在一起，它们或者一个一个地排列形成链状，好像珍珠项链一样，我们称之为链球菌，它们往往对人体危害很严重，可以引起伤口化脓、扁桃体炎、肺炎、败血症以及儿童易患的猩红热；或者不规则地聚集成一簇，由于它像一串葡萄，因此称为葡萄球菌，如金黄色葡萄球菌就是最常见的引起化脓炎症的球菌。

有的细菌长得像一根火柴梗，称为杆菌。像大家非常熟悉的大肠杆菌，它生活在我们的肠道里，与我们终生相伴；也有许多杆菌是病原菌，如炭疽杆菌、结核杆菌、坏死杆菌、破伤风杆菌等，它们可引起烈性传染病，严重地危害人畜。有一种肉毒杆菌产生的肉毒素，是目前已知的毒物中最毒的一种，1毫克这种毒素能杀死10亿只老鼠，也可使几十万人死亡。

还有一类细菌形体也像一根细棍，但它们不是直的。有的身体弯曲成弧线，我们称它为弧菌，最有代表性的弧菌就

是霍乱弧菌，它是引起烈性传染病——霍乱的元凶；如果身体弯曲成一圈儿一圈儿的，像弹簧一样，这样的细菌就叫螺旋菌，常见的螺旋菌是口腔齿垢中的口腔螺旋体。

假如我们把细菌切成薄片，放在电子显微镜下观察，就会看到它的内部结构。细菌的最外层是一层坚韧的保护层，这是细胞壁，它包裹着整个菌体，使细胞有固定的形状。紧贴细胞壁的里面，有一层极薄而柔软的富有弹性的细胞膜，别看它薄，却起着重要的作用，它好比围城四周的岗哨，控制着细胞内外物质的出和进，关系着细胞的生死存亡。原来，细菌的细胞膜上设置了许多关卡，只有那些细菌生命活动需要的物质，它才允许放行进入，细菌代谢产生的废物也可以通过细胞膜排出去，其他物质则禁止通行，这种现象叫作细胞膜的选择透过性。包裹在细胞膜内的是细胞质和不成形的细胞核。细胞质由一团黏稠的胶状物质组成，它相当于细菌的"生产车间"和"仓库"。细胞质中含有高效专一的生物催化剂——酶，保证了各种生命代谢活动的顺利进行；还有蛋

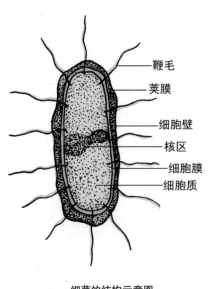

鞭毛
荚膜
细胞壁
核区
细胞膜
细胞质

细菌的结构示意图

白质的"装配机器"——核糖体，以及贮藏营养的"能源库"——淀粉粒等。细菌的细胞核物质裸露在细胞质内的一定区域，没有核膜包绕着，与高等生物的细胞核不同，只能叫作核区或原核，正因为如此，我们把细菌称为原核生物。核物质的主要成分是脱氧核糖核酸，简称DNA，它负责细菌的传宗接代，生息繁衍。

各种细菌的基本结构都包括细胞壁、细胞膜、细胞质和核区。同时，不同细菌还有自己的一些特殊结构，主要有荚膜、芽孢和鞭毛。

某些细菌的细胞壁外，有一层疏松的、像果冻样的荚膜，它好比给细菌的身体包上了厚厚的保护层，可以帮助细菌抵御外界化学物质的侵袭。因此，荚膜与一些病原菌的毒力有密切关系，有荚膜的细菌毒力强，不易被药物杀死。比如，肺炎双球菌若失去了荚膜，致病能力就大大减弱。

有的细菌在遇到恶劣的环境时，细胞内会浓缩形成一个圆

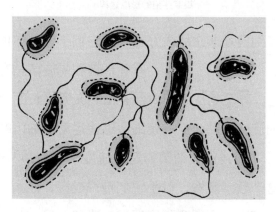

细菌的荚膜与其毒力有密切关系

形或椭圆形的休眠体，我们称它为芽孢。像能在肉类罐头中繁殖的肉毒杆菌，在100摄氏度的水中煮七八个小时才死亡，就是因为它在高温下形成了芽孢的缘故。芽孢为什么具有这么强的抵抗力呢？原来芽孢的含水量特别低，细胞壁厚而致密，对寒冷、高温、干旱和化学药剂的抵抗能力很强。当遇到合适的环境时，芽孢又重新长成细菌体。因此，在食品、医药、卫生等部门都以杀死芽孢为标准来衡量灭菌是否彻底。

如果你用牙签挑一点自己的牙垢放在显微镜下观察，

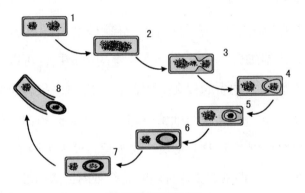

细菌芽孢的形成过程

会发现许多细菌是非常活泼好动的，它们不停地你推我碰，四处乱窜，很是热闹。原来，有些杆菌和螺旋菌长有运动器官——鞭毛。鞭毛是从细菌内部长出的又细又长的丝状物，由于鞭毛的旋转摆动，就可使细菌迅速运动。细菌的运动速度是非常惊人的，许多细菌的运动速度平均为20～80微米/秒。单从这个数字来看，似乎它们跑得很慢，但如果与它们的身体长度相比，会使我们很惊讶！研究发现，跑得最快的

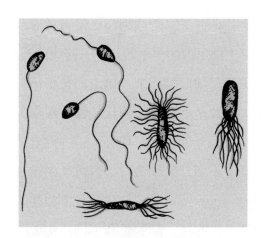

细菌的鞭毛各不相同

猎豹每秒钟可跑出30.48米的距离，折算起来，每秒钟也只能跑出其身体长度的25倍，而细菌每秒钟的运动距离可达到自身长度的50～100倍。由于鞭毛太细了，在普通光学显微镜下很难看到，只有在电子显微镜下才能观察到鞭毛十分复杂而精细的结构。通常球菌没有鞭毛。

细菌是自然界中分布最广、数量最多、与人类和大自然关系最为密切的一类微生物。因此说，细菌是微生物"小人国"的主角。

● 泥土飘香哪里来

俗话说，大地是人类的母亲，泥土是庄稼的命根。你知道泥土的气味吗？如果捧起一抔泥土来闻一闻，一股略带芳

香的土腥味会扑鼻而来。土壤为什么带有特殊的土腥味呢？原来这是由微生物王国的另一成员——放线菌散发出来的。

放线菌虽然是细菌的近亲，但它的长相却和细菌大不一样。放线菌大多数是细长分支的丝状物，叫作菌丝，许多菌丝组成菌丝体。菌丝的直径一般在0.5～1微米，大概与细菌中杆菌的粗细差不多，又细又长，但菌丝内没有横隔，内部的细胞质四通八达。所以说，放线菌是单细胞的。放线菌的菌丝结构也是由细胞壁、细胞膜和细胞质构成的，细胞质内的核区分散着核物质，没有核膜包被。因此和细菌一样，放线菌也属于原核型微生物。

把放线菌接种在固体培养基上生长，会形成营养菌丝、气生菌丝和繁殖菌丝。放线菌生长时，一部分菌丝深入到培养基的内部匍匐生长，像植物的根一样，它能从培养基中吸取营养物质，满足放线菌生活的需要，这是营养菌丝；当营养菌丝生长到一定时期后，就会长到培养基的外面，伸展到培养基表面的空气中，好像植物的茎和叶，这叫作气生菌丝；菌丝继续生长到一定时期后，放线菌在气生菌丝顶端分化出另一种菌丝，它能够产生孢子，繁殖后代，因此叫繁殖菌丝或孢子丝。孢子成熟后就散发到周围的空气中或物体上。孢子犹如高等植物的种子，在适宜的条件下萌发，又发育形成营养菌丝，营养菌丝生长出气生菌丝和繁殖菌丝，最后又形成孢子。这样不断地周而复始，放线菌也就一代一代地生息繁衍下去。

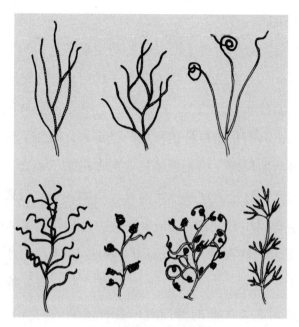

放线菌孢子丝的各种形态

放线菌广泛分布于土壤、堆肥、河底、湖底的淤泥之中，尤其土壤中最多，每克土壤中含有几万至数百万个放线菌的菌体和孢子，在中性和偏碱性的沃土中含量更高。尽管放线菌其名不扬，默默无闻，但却是人类健康的保护神。

我们知道，一些微生物能引起传染病，千百年来人类深受其害，多少人耗尽了毕生的精力，苦苦寻求制服传染病的良药秘方。后来，人们终于发现了传染病的克星——抗生素。所谓抗生素，是一些微生物本身产生的具有特殊功能的物质，它们在低浓度下便能抑制甚至杀死其他微生物。人们利用抗生素这一特性，以毒攻毒，治疗了许多严重危害人类

健康的传染病。

到目前为止，世界上已发现的抗生素多达2000多种，而其中有近60%是放线菌产生的。有一种叫作灰色链霉菌的放线菌，主要分布在土壤中。60多年前，科学家们从灰色链霉菌中分离出具有抗结核杆菌作用的链霉素，改变了当时结核病无药可治的局面，给无数结核病患者带来了福音。直到今天，链霉素仍然是治疗结核病的首选药物之一。后来人们又陆续从链霉素中分离出了400余种抗生素，像链霉素、土霉素、氯霉素、红霉素等，就是其中的佼佼者。此外，大家熟悉的庆大霉素、四环素、卡那霉素、麦迪霉素等，也都是放线菌为人类生产的专门对付各种传染病的有力武器。放线菌是人类忠实的朋友。

● 漫话真菌世家

在微生物王国里，真菌是最庞杂的一族。它们种类多，数量大，繁殖快，分布广，与人类的生活密切相关。现已发现的真菌有10万多种，它们大体上可分为三类，即单细胞真菌（如酵母菌）、丝状真菌（如霉菌）和大型真菌。

为什么把酵母菌、霉菌和大型真菌这一类微生物叫作真菌呢？这是因为真菌不像细菌和放线菌那样没有成形的细胞核，而是具有典型的真正的细胞核，它们的核物质由核膜包围着。也就是说，真菌是由真核细胞构成的，属于真核型微生物。

与原核细胞相比，真菌的真核细胞不仅有了成形的细胞核，结构也更加复杂高级。真菌细胞内出现了许多由内膜围成的细胞器，细胞的许多功能是由不同的细胞器来完成的。如果把整个细胞看作一个工厂的话，细胞器就犹如工厂内分出的许多生产车间，各个车间分工合作完成不同的任务，整个工厂才生机勃勃。在真菌细胞中，有专门供应能量的"动力车间"——线粒体；有细胞内的生命物质蛋白质的组装车间——核糖体；还有细胞内四通八达的运输线——内质网，以及细胞内的垃圾处理站——溶酶体和液体仓库——液泡等。

真菌世家中最小的成员当数酵母菌，它的整个身体只有一个细胞，这叫单细胞生物，只有在显微镜下才能看清楚它的真面目。如果把一碗糖水在空气中放几天就会发酵，这是酵母菌在作怪。取一滴发酵的糖水放在显微镜下观察，可以看到酵母菌细胞的样子很不规则，有的呈球形，有的呈卵圆形，还有的呈圆柱形。构成它们身体的细胞，通常比细菌的细胞大5～30倍。

酵母菌的新陈代谢十分旺盛，繁殖速度很快。它的繁殖方式有出芽生殖和有性生殖两种。环境好时酵母菌进行出芽生殖。酵母细胞成熟以后，起初在细胞一端长出一个小突起，接着细胞核分裂为二，形成两个子细胞核，一个留在母细胞内，另一个进入小突起内，小突起长大成熟就成为一个

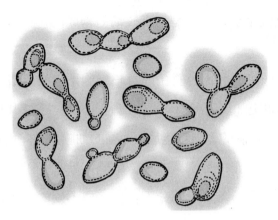

酵母菌的出芽生殖

芽体，最后成熟的芽体从母体上脱落下来成为一个新个体。如果这时环境和条件适宜，酵母菌也处在生长繁殖旺盛期，我们会看到一种奇妙的现象，形成的芽体还没来得及从母体上掉下来，在芽体上又长出孙子辈儿的新芽体，这样继续下去，原来的单个酵母菌会形成一串细胞，出现几代联体的景观。由于出芽生殖没有两性细胞的结合，因此属于无性生殖。

有的酵母菌像啤酒酵母和面包酵母，它们的细胞有雌雄之分，称为"+"菌和"-"菌。"+"菌和"-"菌细胞相接近时，它们各自向对方长出一个小管，小管接触后可融合形成一个通道，两个细胞的细胞核和细胞质通过通道相互融合形成接合子，接合子再经过一定方式的分裂形成孢子，孢子萌发再形成一个新个体，这就是有性生殖过程。

在大自然中几乎到处都有酵母菌的踪影，已发现的酵母菌达数百种之多。绝大多数酵母菌是人类的好朋友，特别是在酒类酿造方面，已有4000多年的光荣历史。同时制酱油、做醋和制作馒头、面包等食品也离不开酵母菌。近些年来，酵母菌在石油脱蜡、酶制剂和发酵饲料等方面的应用也有了新的进展。

霉菌也是真菌中重要的一类，它是在基质上长成绒毛状、棉絮状或蜘蛛网状的丝状真菌的总称。霉菌由分支或不分支的菌丝构成，它的菌丝比放线菌的菌丝粗得多，直径是放线菌的几十倍。绝大多数霉菌的菌丝被隔膜分隔成许多细胞，属于多细胞生物。与放线菌相似的是，霉菌菌丝也分为营养菌丝、气生菌丝和繁殖菌丝。繁殖菌丝在其顶端可以产生红、橙、黄、绿、黑等各色孢子，孢子散落到环境适宜的地方，又可以萌发形成菌丝，这种生殖方式叫作孢子生殖。

霉菌喜欢高温潮湿环境。在又潮又闷的夏天，霉菌很容易在食品、衣物、木制家具等有机物质上生长繁殖，形成五颜六色的绒毛，这就是俗说的发霉现象。我国古代劳动人民早在2000多年前，就知道利用发霉现象来为人类造福了。像用于制酱的曲霉，制作腐乳和豆豉的毛霉，以及日常制作甜酒的根霉，都是霉菌。人类最早发现和应用的抗生素——青霉素，也是由霉菌中的青霉菌产生的。目前，霉菌被广泛应用在食品酿造、酶制剂、纺织印染、抗生素、有机酸和纤维素等工业生产上。有的霉菌还被用在冶炼重金属和稀有金属方面。白僵菌可用来防治农业和森林害虫，是已推广应用的微生物农药之一。

当然，也有一些霉菌是人类的敌人，有的曲霉在代谢过

程中会产生毒素，引起动植物得病。如黄曲霉产生的黄曲霉毒素是一种可引起肝癌及急性中毒致死的强毒素。黄曲霉喜欢在花生、玉米等食物上生长。所以，花生或玉米长毛发霉时，千万不可食用！

我们餐桌上的美味佳肴如蘑菇、木耳、猴头等，堪称微生物小人国里的"巨人"了，它们的身体一般有几十厘米大，有的蘑菇直径甚至可达1米左右，把它们划属微生物王国似乎名不副实，但它们的生物特性与高等生物有很大差别，只有放在微生物中才合情合理，只是一般不称它们为微生物，而是叫大型真菌。大型真菌主要包括食用菌和药用菌。大型真菌除形成菌丝体外，在一定环境下还能形成子实体。我们平日里所吃的蘑菇、香菇、木耳、银耳都是它们的子实体。我国中草药中名贵的灵芝、冬虫夏草、猪苓等都属于药用菌。但是，并不是所有大型真菌都能食用，其中也有少数"害群之马"，那就是毒蘑菇。如果人误食了毒蘑菇，轻者表现为恶心、呕吐，重者还会导致昏迷甚至死亡。所以千万要记住，从野地和森林中采回的蘑菇不可乱吃，以免引起中毒。

● "恐怖分子"——病毒

提起病毒，我们不免会联想到病毒所引起的许多疾病。像白色瘟疫乙型肝炎、流行最广危害严重的流行性感冒、脊髓灰质炎、狂犬病，以及20世纪80年代才发现的超级癌症艾滋病等，都是由病毒所引起的。千百年来，病毒引起的疾病一直折磨着人类。更令人担忧的是，一些过去从未在世界上发生过的传染病也陆续出现了，它们大多是由病毒引起的。事实上，病毒不仅肆虐着人类，也侵害动植物从而引起病害，如口蹄疫、鸡瘟、烟草花叶病等。可见，人们把病毒称为"恐怖分子"一点也不过分！

人类最早认识病毒是从植物病害中开始的。19世纪时，烟草是俄国的重要经济作物，农民大面积种植。可是有一段时期成片的烟草得病，先是叶子上生出花色斑纹，继而枯萎死亡，这给俄国经济带来了巨大损失。有人曾把带有斑纹的烟草叶摘下捣碎，然后涂抹在健康的植株上，结果健康的烟草植株也患上了花叶病，这表明烟草花叶病具有传染性。

1892年，俄国的细菌学家伊凡诺夫斯基为了捉到烟草花叶病的元凶，他把烟草患病叶子研碎榨汁，再用孔隙细小到连最小的病菌也通不过的细菌过滤器来过滤，然后把过滤后的汁液滴在健康的烟草上。结果，健康植株仍然患上了花叶病，他怀疑自己的过滤器出了毛病，使得病菌通过了。几年后，荷兰的细菌学家贝杰林克重复了这个实验，得到了同样的结果。于是他断定，引起烟草花叶病的感染物不是细菌，而是另外一种比细菌更小、更有感染力的生物，他把这种东西叫作病毒。此后，其他一些可通过细菌过滤器的致病因子

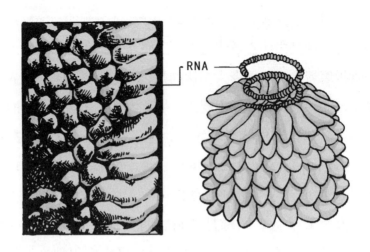

烟草花叶病毒示意图

也陆续被发现，人们称它们为"滤过性病毒"，简称病毒。后来，病毒这一概念就一直沿用下来了。

　　病毒究竟有多小呢？它通常用纳米表示，1纳米为千分之一微米。某些最小的病毒，其直径只有20纳米左右，比最小的细菌还要小两个数量级。不用说我们用肉眼看不到它们，就是在普通光学显微镜下也难觅其踪影，只有用放大几万倍甚至几百万倍的更高级的"火眼金睛"——电子显微镜才能看清楚它们的真面目。病毒的形态有的像个圆皮球，有的像根短木棒，有的则像一只小蝌蚪，还有的像一截细细的铁丝。病毒几乎是世界上最简单的生物，它小得连一个细胞都不是。它的外表是一层蛋白质组成的外壳，内芯是决定其繁殖特性的遗传物质核酸。病毒只含有一种核酸：DNA或RNA，两者不会同时存在于同一病毒中，这一点和细菌、放线菌及真菌很不同。虽然说

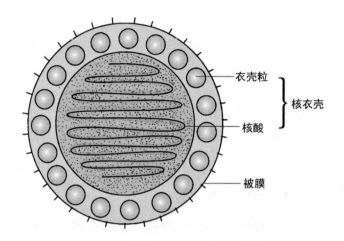

衣壳粒 } 核衣壳

核酸

被膜

病毒粒子结构示意图

病毒结构很简单，但由于它的体形那么小，而且不容易得到，所以人们研究起来并不是件容易事。

由于病毒的结构过于简单，以至于不能独立地生长和繁殖。那么，病毒为什么不能像细菌一样独立生活呢？原来生物生存的基础是新陈代谢，简单地说就是不断地合成、更新自身的物质，排出废物，其实质包括各种复杂的化学反应。新陈代谢的顺利完成要依赖于生物体内一系列酶的催化作用，一切能够独立生活的生物都有自己的一套酶系统，可是病毒却没有。怎么办呢？长期进化的结果使病毒形成了自己独特的新陈代谢方式，病毒必须钻到别的生物体活细胞内借用人家的酶系统，来为自己合成物质，恰似"借腹怀胎"，我们把病毒这种不劳而获的生活方式叫作寄生，而为它服务供它生活的那个生物叫作寄主或宿主。

病毒可以寄生在许多生物上。据统计，人类的传染病有80％是由病毒引起的。但事实上人类的传染病相对于动植物而言还是很少的，并且许多已得到有效控制，病毒引起的动植物病害更是比比皆是。病毒的种类很多，一定种类的病毒只能寄生在某种特定的细胞中。在生物界中，无论是动物、植物，还是细菌、放线菌，都可作为病毒的寄主。根据寄主的不同，可以把病毒分为三类。

寄生在人和动物细胞中的病毒叫作动物病毒。如人的天花、麻疹、乙型肝炎、流行性感冒和脊髓灰质炎，以及动物的口蹄疫、马的传染性贫血病、鸡瘟等等，都是病毒作孽的结果。这些由病毒引起的传染病很容易发生大规模流行，有些病的死亡率很高。

也有的病毒寄生在植物细胞里，常常使经济作物受到严

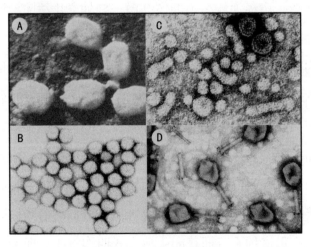

几种病毒在电子显微镜下的样子

A.痘类病毒　B.轮状病毒　C.乙型肝炎病毒　D. 细菌病毒

重侵害，大量减产。例如烟草花叶病、水稻黄矮病、大豆花叶病和马铃薯退化病等。这些寄生在植物细胞中的病毒叫作植物病毒。

动物细胞有病毒的寄生，植物细胞也有，那么小小的细菌里有没有病毒的寄生呢？那是在1915年，一位名叫图尔特的科学家第一次报道了一类既不侵染动物也不侵染植物的病毒，这种病毒能够引起细菌菌落的退化性改变，而且也具有传染性。但他当时并没有意识到自己发现了细菌病毒。

两年以后，另一位科学家代列耳从图尔特的实验中得到了启示，他把痢疾患者的粪便接种在肉汤里，得到混合培养物，然后制备出无细胞滤液，取几滴无细胞滤液，加入到用另外的方法培养制备的痢疾杆菌培养物中，痢疾杆菌很快出现裂解现象，把已裂解的培养物的无细胞滤液再加入到第三种培养物中，第三种痢疾杆菌培养物又出现裂解，以此类推。代列耳由此得出结论：细菌的裂解是由于寄生在细菌上的一种滤过性病毒引起的，他把这种病毒命名为噬菌体，也就是细菌病毒。噬菌体的发现，使人类对病毒的认识更加全面和深刻了。

病毒在寄主细胞内以极高的速度繁殖，通常一个寄主细胞　次释放的病毒少则几个，多则可达上万甚至上亿个，病毒可以给人类和动植物造成极大的危害。对付病毒引起的危害，科学家们已找到了许多办法。干扰素和许多中药可以用来治疗病毒引起的传染病。当然，预防病毒感染的有效办法还是利用一些动物病毒，经过人工处理后制成疫苗，给人体

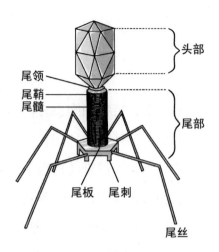

头部

尾领
尾鞘
尾髓

尾部

尾板　尾刺

尾丝

噬菌体的结构示意图

进行免疫接种，激发机体的免疫功能来达到预防和消灭病毒病的目的。

　　另外，我们还可以利用病毒来为人类造福。例如，噬菌体是吞噬细菌的能手，在医学上可用来治疗或预防细菌感染；在农业上，利用昆虫病毒来防治害虫，不仅安全可靠，而且减少了环境污染，有利于环境的保护。有些病毒入侵花卉使之变色或畸形，利用这一点可以培育出千奇百态、绚丽多姿的新品种，像菊花中的"绿菊"、牡丹中的"绿牡丹"、黄杨中的"金心黄杨"等，就是科学家们利用病毒的杰作。

三、生命畅想曲

● 无嘴"吃"四方

俗话说："人是铁，饭是钢，一顿不吃饿得慌。"人要一日三餐，吃饭喝水，否则就不能生存。各种动物也需要吃喝，才能逐渐长大、生儿育女。地球上的植物虽然不用像动物和人那样吃现成的有机物，但也必须源源不断地依靠根从土壤中吸收各种养料和水分，从空气中吸入二氧化碳，靠绿叶利用太阳光不断地合成自己生长需要的各种有机养料，这样植物才能从一粒种子萌发成幼苗，进而长大、开花、结果。然而，微生物既没有植物的根、茎、叶的分化，也没有动物的口、胃、肠的分工，它们是怎样生活的呢？

微生物虽然体形微小，但要维持新陈代谢，满足生命活动的需要，也必须从周围环境中索取营养物质。微生物细胞中含量最多的成分要数水，细菌细胞的含水量可以达到

鲜重的75％～80％，酵母菌含水量甚至可以达到其鲜重的80％～85％。除水外，微生物细胞还含有蛋白质、糖类、脂类和矿物质等，它们的总量占鲜重的10％～25％。

微生物细胞中主要物质占细胞干重的百分比

微生物	蛋白质	糖类	脂肪	矿物质
腐败细菌	80％	4％	5％～7％	10％
小球菌	40％～50％	10％～25％	10％～30％	6％～10％
酵母菌	40％～60％	25％	4％	7％～10％
霉　菌	20％～40％	20％	8％～40％	7％

我们从微生物细胞组成成分的分析结果可以知道，微生物首先需要"喝"大量的水，需要"吃"较多的构成有机物的碳源和氮源，还需要磷、钾、镁、钙、硫等无机盐和铁、铜、钼、硼、硅等微量元素。

微生物吃的基本口粮是各种含碳的物质。通常人们把凡是微生物能利用的含碳物质叫作碳源。微生物家族很庞大，像我们人一样，它们也是萝卜白菜，各有所爱。不同的微生物对碳源的要求千差万别，有些细菌、放线菌，从淀粉、纤维素、麦芽糖、葡萄糖到脂肪酸、蛋白质、有机酸等许多有机物都爱吃，口味很宽，尤其对葡萄糖、蔗糖等糖类食物特别爱吃。在发酵工业上常用玉米粉、麸皮、米糠作碳源。酵母菌最喜欢吃麦芽糖和葡萄糖，对淀粉则不屑一顾，一粒不沾。有的菌只吃动植物的尸体，还有一些菌很不会过日子，需要依赖别的生物细胞提供现成的营养物质，人们称之为寄生菌。

微生物需要的氮源种类也很多。不同的微生物，对氮源的嗜好也相差很大，从氮气、铵盐到硝酸盐，甚至玉米浆、黄豆粉和花生饼等等。在实验室中常用牛肉膏、蛋白胨作氮源来培养微生物。

有些微生物吃东西很挑剔，你供给它们合适的水分、碳源、氮源和无机盐以后，仍然不生长或生长得不好，还得额外加入一些养分才行，如氨基酸、维生素和嘌呤、嘧啶，它们是这些微生物维持正常生活不可缺少的特殊营养物质，我们将这些营养物质叫作生长因子。

在自然界中几乎不存在不能被微生物利用的物质。微生物除了能利用其他生物所能利用的物质以外，还能利用其他生物不能利用的物质。像空气中的氮气，绿色植物和其他生物都不能利用，而生活在大豆根部的根瘤菌等固氮微生物却能把它当作美味佳肴。有的菌吃起石油来津津有味。某些微生物还有一些奇特的本领，有毒物质对一般生物来说会望而生畏，这些微生物却专吃有毒物质，利用这一点，可以让它们在环境治理方面发挥很大的作用。用微生物处理污水已成为一种很受欢迎的方法，固体废物经微生物处理后还可用作肥料呢！

微生物不仅口味各异，食谱广泛，而且胃口也很大。生物界里有个普遍的规律，即某一生物的个体越小，其单位体重消耗的食物越多。例如，有一种体重仅3克的地鼠，每天要吃掉与其体重相等重量的粮食；一种体重还不满1克的蜂

鸟，每天要消耗比它体重大两倍的食物；而一个体重60千克的人一天绝对吃不了60千克的食物。一个微生物细胞，比起地鼠和蜂鸟来，不知要小多少倍。生物的体形越小，体表面积相对也就越大。微生物就具有体积小而表面积大的特点，它整个身体的体表都具有吸收营养物质的功能，因而它们的胃口变得庞大无比。据有人计算，在合适的环境下，大肠杆菌每小时可消耗相当其自身重量2000倍的糖。如果换算成人，以每年平均消耗相当于200千克糖的粮食计算，则一个细菌在1小时内消耗的糖约相当于一个人在500年内所消耗的粮食。真是令人咂舌！

那么，微生物是怎样摄取营养物质的呢？绝大多数微生物对营养物质的吸收主要是靠细胞壁和细胞膜在起作用。但细胞壁的结构有许多孔隙，在其孔隙大小允许的范围内，一切物质可以自由出入，说明细胞壁对物质没有选择性。真正控制物质进入细胞的关卡是它的细胞膜，细胞膜只允许自己所需要的物质进入细胞，拒绝不利于自身生长的物质进入细胞。同时它对不同的营养物质采取不同的吸收方式。如水、二氧化碳和氧气等小分子物质是依靠扩散作用进入细胞。扩散就是物质由浓度高的地方向浓度低的地方移动，在厨房里炒菜时，屋里也能闻到香味，这就是扩散现象。只要细胞外有充足的水分、二氧化碳和氧气，它们就可以透过细胞膜向细胞内自由扩散。然而，有些物质却需要在细胞膜上的载体协助下才能进入细胞，就好像人要过河得乘小船一样。载体

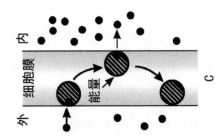

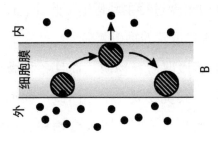

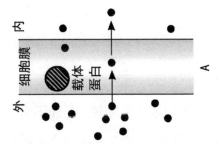

物质通过细胞膜的方式示意图

A.自由扩散　B.协助扩散　C.主动运输

在细胞膜的外表面可以与环境中物质结合，当把这种物质转运到膜内时又将它解离下来，这个过程并不消耗能量，称为协助扩散。另外，微生物还可以积极主动地吸收营养，也就是说，当它身体需要某种营养物质时，尽管这种物质在细胞内的浓度已远远高于环境中的浓度，但细胞仍然能够从环境中吸收，以满足自己的需要。微生物的这种本领不仅要靠载体的帮助，而且要消耗能量。由于这种吸收方式能够主动地有选择地吸收细胞需要的物质，因此叫作主动运输。例如，大肠杆菌吸收乳糖时就要进行主动运输。此外，还有许多微生物利用吞噬作用来摄取营养物质。

微生物所以能够摄取营养物质，而且各种微生物的口味不同，产物各异，其奥秘就在于不同微生物细胞内含有不同的酶系统，从而具有不同的吸收食物和利用营养物质的方式。

● 生活奇特脾气怪

在大千世界里，微生物四海为家，无处不有。它们长期生活在不同的环境下，形成了稀奇古怪的个性脾气。有的勤劳，有的懒惰；有的喜欢氧气，有的讨厌氧气；有的专吃动物尸体、粪便和植物的枯枝落叶；有的不劳而获，从其他生物体上吸取营养。

少数微生物像绿色植物一样，从外界吸收二氧化碳气体和简单无机物，然后通过细胞的代谢活动，把它们变成复杂的有机物，成为组成自身的物质。这类微生物不依赖现成的有机物过日子，能够自己养活自己，我们把它们称为自养微生物。

像我们跑步需要有劲一样，自养微生物利用二氧化碳和无机物合成有机物时，也需要动力。有的自养微生物与绿色植物更相似，体内含有光合色素。光合色素能够吸收太阳光能，以光能作动力来把二氧化碳和无机物转变成自身的有机物，我们称这类微生物为光能自养微生物。与绿色植物不同的是，大多数光能自养微生物的光合作用不放出氧气。有的自养微生物不能利用光能，而是有一套独特的本领，在有氧气的情况下，它们能把环境中的无机物氧化，利用氧化过程中释放出的能量，把二氧化碳转变成自身组成物质，这类微生物叫作化能自养微生物。这类微生物比较多见，像氢细菌、铁细菌、硝化细菌和硫细菌。硫细菌可用于煤的脱硫，清除海面上的油污；硝化细菌在自然界的氮循环方面起着重要的作用。

大多数微生物则懒惰成性，以类似动物获取营养物质的方式，靠吃外界环境中现成的有机物度日，这类微生物叫作异养微生物。在异养微生物中，有的在动物的尸体、粪便和植物的枯枝落叶上生活，从那里吸收有机物，同时使这些动植物遗体腐败，这种生活方式叫腐生，进行腐生生活的异养微生物叫腐生异养微生物。腐生异养微生物虽然懒些，但它们对大自然却有着巨大的贡献。假如没有腐生异养微生物，

地球会成什么样子呢？地球上每时每刻都有大量的动植物死亡，如果没有腐生异养微生物把这些动植物遗体和动物粪便及时分解成无机物，又回归到自然界的无机环境中去，后果将不堪设想。千百年来死亡的动物、植物不计其数，地球会变得粪便成山，尸骨遍地，动植物和人类都将无法生存，整个生态系统也就崩溃了。有了腐生异养微生物的分解作用，才把地球打扫得干干净净，所以人们把腐生异养微生物形象地比喻为"大地的清洁工"。

当然，也有的异养微生物过着损人利己、不劳而获的剥削生活，它们专门在活的动植物体上吸取营养，有的使动植物得病，有的则置动植物于死地。这种生活方式叫寄生，这类微生物叫寄生异养微生物。许多传染病都是寄生微生物引起的。

生活常识告诉我们，动植物和人每时每刻都离不开氧气，否则就会死亡，微生物可不都是这样。有的微生物遇到氧气反而不能生活，甚至死亡，科学家们称它们为厌氧微生物。如破伤风杆菌就属于这一类。伤口愈深，就愈易与空气隔绝造成无氧环境，它就生长得愈好；家里做泡菜时要利用一种乳酸杆菌的作用，它也属于厌氧性细菌，因此做泡菜时要把泡菜坛子的口封得严严实实才行。

而有的微生物则恰好相反，它们和动植物一样，必须在有氧时才能生活，没有了氧气，会很快死亡，它们被称为需氧微生物或好氧微生物。土壤中许多微生物属于这一类，它们能把土壤中的动物尸体、粪便和植物的枯枝落叶分解变成庄稼能利用的肥料。对农田、菜地要经常松土，使十壤通气良好，有利于需氧菌的活动，才能提高土壤肥力，利于作物的生长。

还有一些微生物是介于需氧微生物和厌氧微生物之间的类型，它们在有氧时能生活，无氧时也能生活，这叫兼性厌氧微生物。生活在人和动物肠道里的大肠杆菌就是这样的细菌；家里蒸馒头时发面利用的酵母菌也属这一类。人们发面时，把它们揉进没有空气的面团中，只要温度适宜，它们就会在其中生长繁殖，产生二氧化碳，使面团中出现许多小空泡，上锅一蒸，二氧化碳气膨胀，蒸出的馒头又松软又好吃。酵母菌在有氧存在时照样能很好地生活，如酱油和醋放置时间过长，在与空气接触的表面，常会长出一层"白膜"，这就是酵母菌体形成的，它会破坏酱油、醋原有的风味。

看来，微生物各有自己的谋生手段，真是八仙过海，各显神通。我们掌握了它们的个性脾气后，就能够制服它们，使它们更好地被人类利用。

● 一小时四世同堂

炎热的夏天，剩饭剩菜放一晚上，第二天你就会发现饭菜变馊了。饭菜为什么会变馊呢？再有，如果橘子放久了，橘皮上会长出许多青绿色的毛毛，这毛毛又是什么东西呢？只要你把变馊的饭菜和橘皮上的毛毛放在显微镜下一观察，

就真相大白了。原来都是微生物在作怪，变馊的饭菜里面生长了大量的细菌，橘皮上的毛毛是霉菌的菌丝和孢子。可见，微生物遇到了适宜的环境，碰到了可口的饭菜，它们不仅放量饱餐一顿，而且快速地生长繁殖，用不了多久，就会儿孙满堂了。

微生物细胞虽小，但每时每刻都在进行着成千上万次的化学反应。一方面，它们把从外界摄取的营养物质转变为组成自身的物质，并储存能量，这叫同化作用；另一方面，它们又不断地把组成自身的一部分物质进行分解，释放能量，这叫异化作用。同化作用和异化作用统称为新陈代谢。新陈代谢是一切生命活动的基础，它们决定着生命的存在和发展。当同化作用大于异化作用时，微生物细胞的物质就不断地增多，细胞体积增大，细胞表现为生长现象。当微生物个体生长发育成熟以后，就开始繁殖。细菌是单细胞的，它的繁殖方式非常简单，是靠自身分裂来增加后代的。一个细菌长大成熟了，就从中间裂开，一分为二变成两个相似的子细胞，这种繁殖方式叫作分裂生殖，简称裂殖。霉菌是多细胞微生物，它们生长到一定阶段，会长出大量的孢子，孢子随风散落，遇到合适的环境又萌发形成新个体。个体数目增多了，就表现为繁殖现象。生物的生长和繁殖是有区别的，生长一般是指生物体或细胞体积的增大，重量的增加；而繁殖则是个体数目的增多。

微生物的代谢能力是其他任何一种生物所望尘莫及的。

由于微生物具有极大的表面积与体积的比值，所以它们能够迅速地与周围环境进行物质交换。此外，微生物细胞内富含各种代谢活动所需的酶。因此，微生物较其他生物有更强的合成和分解能力。我们常看到，一个几千千克的粮食堆，开始只有少量发霉，在温度、湿度适宜时，过不了几天，霉菌等微生物便可充斥其中，并很快就可以让这堆粮食霉烂消耗殆尽！而若用同等质量的动物来消耗这堆粮食恐怕需要几个月，甚至几年时间。再如，腐生细菌只要在几小时内就可以使一头几百千克的牛尸体变成一摊肉水和一堆白骨，而长成这一个体却需要几年时间啊。有人统计过，一头500千克的牛，每天可增加的蛋白质只有0.4千克，而同样是500千克的酵母菌24小时却至少可形成5000千克的蛋白质，相当于10头牛的体重，真是令人惊叹不已！在发酵工业上，利用微生物这种强大的代谢能力可以大量生产我们需要的东西。

微生物的繁殖速度在生物界也是首屈一指的。我们知道，高等生物完成一个世代交替的周期要几年甚至几十年，而微生物的世代更替往往是用分钟作单位的。就拿大肠杆菌来说吧，它的分裂方式是二分裂法，也就是1个分裂成2个，2个分裂成4个……以此类推。大肠杆菌在适宜的温度时，20分钟就可以分裂一次。1个大肠杆菌，一小时后就可以达到四世同堂，变成8个，两小时后变成64个，一天24小时可以繁殖72代，也就是变成了47 220 000 000 000亿个细菌。若能一直提供足够的养分和保持适当的条件，四五天以后，一个大肠杆菌的子孙后代的总重量就相当于地球那么大。这是多么惊人的繁殖速度啊！若真是如此，整个地球将被细菌吞没。当然，这只是理论上的推算，它是以完全满足细菌生长繁殖的所有条件为前提的。实际上，这种情形是不会发生的，因为即使在人工提供的最好条件下，这种理想状态也难维持几小时。随着细菌的快速增殖，养分被迅速消耗掉，生活空间也被占满，逐渐会抑制它们的生长和繁殖。即便如此，细菌的增殖速度在生物界也是无与伦比的。

细菌如此，其他微生物也不例外。霉菌的一个繁殖菌丝顶端一次就可以产生成千上万甚至更多的孢子，每个孢子都可以萌发形成一个新个体。更有甚者是病毒，它们增殖的方法是复制，就像我们翻录磁带或复印机复印资料一样。病毒在它们所寄生的细胞中，只需按照自己的指令，利用细胞中各种原料和酶无休止地复制后代个体，直至被寄生的细胞变成空壳为止。至此，它们从这个细胞中破壳而出，一次就可以释放几万甚至上亿个。然后再分别去感染临近的其他细

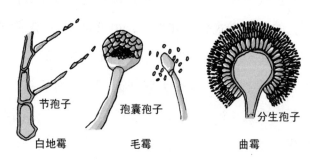

几种霉菌的无性繁殖

胞，继续复制新一代个体。照此下去，在极短的时间内就可产生数量极多的后代。

正是微生物有快速代谢和繁殖的神奇本领，它们才能经得起各种磨难，得以在地球漫长的进化过程中保存下来，而曾经有许多较高等的生物只是地球上的匆匆过客，走过短短的进化年代便销声匿迹了。

● "孙悟空大战牛魔王"

你看过《西游记》吗？你一定知道孙悟空的本领有多大，他一个跟斗能翻十万八千里；他好像一个魔术师，什么都会变，一晃身，就可以变成一个小虫子，简直是无所不能。现在我们就来讲一讲微生物王国里"孙悟空大战牛魔王"的故事。

我们知道，细菌已是很小的生物体，它没有真正的细胞核，但它有内含DNA的核物质。细菌虽小，可是还有比细菌更小的生命体，那就是病毒。它非常小，不仅我们的肉眼看不到，就是用普通的光学显微镜也找不到它的痕迹，只有用电子显微镜才能看到它的踪影。病毒不能像细菌那样在培养基上培养，但科学家们可以用化学方法经提取、纯化，得到病毒的结晶体。它像一般的化学药品一样，可以放置很长时间，丝毫不显示生命的特征。但是，一旦进入活的细菌细胞中，就如鱼得水，立刻表现出生命现象，它以极高的速

度繁殖，严重危害寄主细胞，无怪乎人们把它比喻为"恐怖分子"。病毒那么小，并且只有在活细胞内才能表现生命现象，怎样才能知道它们生活的奥秘呢？物理学中的同位素示踪方法为我们打开这一奥秘之门提供了钥匙。

有一类专吃细菌的病毒叫噬菌体。噬菌体也包括许多种，如T_2噬菌体、T_4噬菌体等，它们的化学成分是蛋白质和DNA。著名的物理学家德尔布吕克对生物学有浓厚的兴趣，他把自己看作是一个从事生物学研究的物理学家，这鲜明地体现了他方法上的独特视角。他领导的声名远扬的噬菌体研究小组专门研究噬菌体的繁殖等问题。1952年，德尔布吕克的研究小组中的成员赫希和察斯，用放射性同位素^{35}S和^{32}P分别标记T_2噬菌体的蛋白质和DNA，因为蛋白质含有S，DNA含有P。标记后他们发现，T_2噬菌体的外壳部分就有了^{35}S，外壳里面则有^{32}P。这说明T_2噬菌体的外壳部分由蛋白质构成，外壳里面是DNA分子。通过追踪^{35}S和^{32}P的移动和变化，赫希和察斯还发现了噬菌体有着奇妙的"借腹怀胎"的本领，这就是它侵染细菌增殖自身的过程。

噬菌体侵染细菌时，首先用它的尾部吸附到细菌细胞的表面，并在细菌的细胞壁上打一个洞。然后，好比用注射器进行注射一样，T_2噬菌体的内容物DNA沿着这个洞就被注入到细菌体内。接着，就像孙悟空变成小虫子钻进牛魔王的肚子里一样，大闹一场。先是按照T_2噬菌体DNA的指令，利用细菌细胞中的物质作原料，在细胞内酶的催化作用下，复制

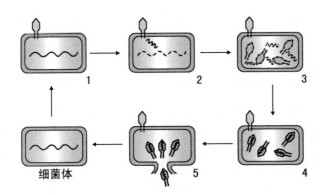

噬菌体有"借腹怀胎"的特殊本领

出大量的T₂噬菌体的DNA分子来；之后又在T₂噬菌体DNA的操纵下，合成出许多它自己的蛋白质；再按照T₂噬菌体的模样，将新合成的DNA和蛋白质进行组装。这样，在细菌细胞里，形成了许许多多与亲代一模一样的子代噬菌体。这时，细菌的细胞已面目全非，只剩下一个空壳了。最后，随着细菌细胞的解体，新一代T₂噬菌体被释放出来，再去感染周围的细菌。T₂噬菌体借助细菌的"肚子"，孕育了自己新的一代，这真是一场"借腹怀胎"的闹剧！

也许你会产生疑问，在上演这场"借腹怀胎"闹剧时，噬菌体的蛋白质外壳会不会也起一定的作用呢？赫希和察斯又用物理震荡的方法研究这个问题。当T₂噬菌体把它的DNA注入细菌体时，他们采用物理震荡的方法，使蛋白质外壳脱离细菌表面，并进行分离。结果发现，细菌内仍然产生大量的子代噬菌体。这说明，DNA能自己制造自己，要不然进入细菌细胞的少量DNA，怎么会变出大量的完全相同的DNA

呢？赫希他们的这个实验证明，DNA不仅能自我复制，而且也能控制蛋白质的合成。因为他们发现，T_2噬菌体进入细菌体内的是DNA，而释放出来的却是带有蛋白质外壳的T_2噬菌体。

以上这个运用物理方法解决生物学问题的故事，告诉我们一个道理：科学往往是相通的。

● "性情易变的魔术师"

俗话说："龙生龙，凤生凤，老鼠生仔会打洞。"动植物的亲代能够把它们的性状传给子代，使子代长得与亲代相似，这就是遗传。微生物世界同样也有遗传现象。球菌分裂生殖后，产生的后代还是球菌；杆菌的后代仍是杆菌；厌氧菌分裂生殖产生的后代，在有氧的条件仍不能生存；而需氧菌的后代，必须在有氧的条件下才能生活。遗传能够使生物物种保持基本稳定。

但是，别忘了还有另一句俗话："一母生九子，连母十个样。"动植物下一代的性状与它们的亲代尽管相似，但不可能完全相同，子代的不同个体之间也总是存在一定的差异，这就是变异。子女像父母，但不会完全一样，同胞兄弟姐妹彼此很相像，也不可能一模一样。即使是双胞胎，也有一定的差异，熟悉他们的人总能把他们分辨开来。变异使生物能够不断地向前发展进化。微生物的变异也很普遍，由于它们比较简单低等，很容易受到环境的影响，因而发生变异的机会更大。相对于高等动植物而言，它们简直是瞬息万变，称得上是"性情易变的魔术师"。

流行性感冒我们都很熟悉，几乎人人得过。流感曾在全球范围内多次发生大流行，多少年来一直是危害人类健康的常见病，至今仍无特效药物治疗。流感为什么能久流不衰呢？原来这与流感病毒的易变性有着密切的关系。科学家们研究发现，流感病毒有多种类型。预防流感的有效方法是接种流感疫苗，刺激机体产生相应抗体，当人体再次受到同一种流感病毒侵袭时，人体内原来产生的抗体就会与流感病毒特异性地结合在一起，使病毒失去致病能力。但由于流感病毒容易发生变异，当人体接种疫苗后，真正感染上流感病毒时，已经不是与疫苗相同类型的流感病毒，而是变成了一种新的类型。原来体内产生的抗体是有特异性的，它只能对付相应类型的流感病毒，遇到新类型的流感病毒则束手无策了。多年以来的实际情况也正是如此，每当一种新型的流感病毒出现后，人们就马上开始研究对付它的疫苗，而当疫苗研制出来以后，流行的又是另一种新型的病毒了。流感病毒的易变性，使人们防不胜防，这就是流感久流不衰的根本原因。

我们可能听说过，当有的人患了很普通的由病菌感染引起的疾病时，医生给他使用了青霉素，开始药效很灵，但时

间一长便不见效了，甚至病情反而加重了。可以肯定，他感染的病菌对青霉素有抗药性了，医生必须更换其他药物才可能治好他的病。人们在医疗中，如果长期使用某种药物，就会使致病菌产生抗药性。细菌抗药性的产生也是微生物变异的结果。

自从青霉素问世以来，人类就同病菌展开了一场竞赛。在青霉素获得应用的第五年，医生们就发现了不易被青霉素攻破的葡萄球菌。为什么会出现这样的情况呢？因为葡萄球菌的后代普遍存在着变异，有的抗药性稍微强些，有的弱些。在用青霉素杀灭葡萄球菌时，大部分葡萄球菌死亡了，而极少数抗药性稍微强点的葡萄球菌能够抵挡住青霉素，勉强活了下来。更可怕的是，它们能把抗药性遗传给后代，由于细菌的繁殖速度非常快，抗药性被一代一代地传了下去，得到了积累和加强，结果就形成了能抗青霉素的葡萄球菌变种。

细菌抗药性的产生，促使科学家们去不断地寻找和发现新的抗生素药物。但是随着新药的使用，对新药有抗药性的病菌又出现了，接着又产生了更新的药物，随之，更新的抗药细菌也出现了。所以说，这是病菌与人类之间一场没有终点的竞赛，在这场比赛中，人类制造的药物始终保持着微弱的优势，但稍不注意，就有被超越的危险，人类千万不可等闲视之，麻痹大意。如今，每一种致病细菌都能对100多种抗生素中的至少1种有抗药性。更有甚者，有些细菌除一种药外，对其他所有药物都有抗药性。比如，有一些葡萄球菌已经对除了万古霉素以外的各种抗生素药物均产生了抗药性。也就是说，只有万古霉素这种药能杀死它们，其他药物都无能为力了。现在你终于明白了吧，为什么那么多制药厂总在不断地研制生产新药。

然而，事情往往具有两面性，制药师们在抱怨细菌越来越难对付的时候，发酵业却面临着另一番景象。在这里，微生物的变异往往引起菌种的退化，给发酵工业造成严重的损失。

微生物的易变性给人类带来了许多危害，但是我们也可以将坏事变好事，利用微生物的易变性为生产服务。在生产实践中，人们常常采用紫外线照射和化学药品处理等方法，提高微生物发生变异的机会和速度，从变异后代中筛选出具有各种优良特性的变种，以满足生产的需要，这就是诱变育种。对于不耐高温的菌类可以使它们改变旧习，适应高温环境，用以解决大工业生产中的高温问题。毒性弱的微生物可以通过人工诱变使它们的毒性增强，用来杀灭农林害虫效果更好。最典型的一个例子是青霉素的发酵生产。1943年，青霉素刚刚开始投产时，每毫升发酵液只生产约20单位的青霉素。通过多年研究，用诱变育种和其他方法处理，青霉素产量急剧上升，目前每毫升发酵液产生的青霉素可达几万个单位，产量比原来提高了三四千倍。

利用微生物的变异特性，不仅能提高产量、扩大品种，

而且能提高产品质量，简化繁杂的生产工艺。广泛地采用变种是一个极为有效的发展微生物生产的途径。

● 古细菌复活记

自然界各种生物在抵御寒冷、干旱、炎热等环境条件时，显示出了离奇的顽强性。候鸟秋天南飞，虎豹临冬换毛，北方植物秋后落叶，蛇和青蛙冬天休眠，都是人们习以为常的生物逃生术。但逃生术最高超的莫过于细菌了。

1982年，曾有两位科学家在太平洋2650米的深海盆地发现一个喷热间歇泉。沸腾的海水从泉眼中涌出，由于海底极强大的压力，海水在300摄氏度以上高温下仍保持液态。按理说，任何生命在如此高温下都会立即毙命。可在这里竟然意外地发现一种细菌旺盛地生活着。两位科学家把生活着细菌的水装在密闭容器里送上水面时，细菌在250摄氏度高温下不仅优哉游哉地活着，还满不在乎地"生儿育女"哩。只是当温度降到100摄氏度时，这些细菌才一命呜呼。细菌耐受如此高温的奥秘何在呢？

我国的一位科学家对霍乱弧菌与大肠杆菌在海洋与河口存活规律进行了10余年的研究。他发现，外来的病原细菌在低温、低营养浓度的环境中会很快死亡。而在霍乱非流行区的美国，冬季从外界环境中分离不出霍乱弧菌，可是夏天又能分离出来。为什么霍乱弧菌会随季节说来就来，说走就走呢？这位科学家又经过长达200天的观察发现，实验水体中细菌的数量未因"死亡"而减少，只是菌体变成了小球形状。难道细菌也休眠？他选了一种既能刺激细菌吸收营养又能抑制分裂的药物进行试验，结果球形细菌有的长成杆状，有的长成螺旋状。尽管形状不一，但可以肯定，它们都是活的。这种用常规方法培养不出来、被认为已经死亡的细菌，其实是在恶劣环境下缩成了球形的细菌休眠体，这种休眠体是仍然具有代谢活性的活细菌，依旧具有致病能力。细菌这种特殊的存活方式，被称为活的非可培养状态。难怪细菌能在那么恶劣的环境下死里逃生！

更令人难以置信的奇迹是，美国一位科学家最近从热带琥珀中古蜜蜂的胃里提取细菌孢子加以培养，结果复活出100多种古细菌。过去，让上千万年前的孢子复活，一直被称作是科学神话。人们认为，即便像细菌那样简单的单细胞活组织也远比DNA分子复杂。活组织最怕饥饿、化学侵蚀，怕温度时而极高、时而极低地变化，更承受不起时间长河的劫难。所以，使古老的组织复活是根本不可能的。然而实验证明，细菌具备极其强有力的防御能力，当处于极端条件下时，细菌可将自身包裹在几层厚厚的蛋白质中，并停止新陈代谢，它们变成孢子来经受脱水、热和冷的严酷考验。在实

科学往往具有超乎想象的力量

验室条件下，运用先进的实验技术，已经能把千百年前的孢子复活为细菌。

活细菌非可培养状态的发现是一项重大突破，而古细菌为保存自己变成的孢子经复水、活化而复活为细菌更是惊人的发现。这些研究成果具有十分重要的意义，将会修正100多年来细菌研究中的有关结论。首先对生命限度将会重新定义；其次是可以从这些古细菌中提取已消失了千百万年的自然抗体，使这些古细菌有可能成为今天治疗一些疾病很有价值的新武器。

四、充当人类的好帮手

● 制作发面食品的"巧妇"

很久以前，埃及人在尼罗河畔种植小麦。他们把麦粒捣成粉，加上水和盐揉成面团烤饼吃。有一天，一个粗心的人把和好的面团放在阳光下，就干活去了。等他回来一看，咦，面团变胖了！有的人把发胖的面团放在火上烤熟，一尝，味道很好。他们又把发胖的面团和别的面团揉在一起，别的面团也胖了。发胖的面团好像有神力似的。后来，人们发明了显微镜，才弄明白面团发胖的秘密，原来是酵母菌的功劳。

如何制作出松软可口的馒头和香喷喷的面包呢？我们先来看看制作馒头和面包的原料——面粉。面粉的主要成分是一种叫作淀粉的多糖，它是由葡萄糖构成的。两个葡萄糖分子之间脱去一个分子水结合在一起时，就形成了麦芽糖，麦

芽糖属于二糖；成百上千个葡萄糖分子以类似的方式连在一起，就形成了淀粉，因此淀粉属于多糖。

当然，光有面粉还不行，还必须请酵母菌这个"巧妇"来帮忙，我们可以从超市买回来干酵母，或者上一次蒸馒头时留下一小团发好的面作面剂子都可以。首先，需要用水把面粉和酵母菌混合在一起成为一个面团，然后把它放在温暖的地方，注意给它保温。过一段时间以后，让我们来看看有什么变化。这时你会发现，面团长大了；用手按一下，感觉它变松软了；再把手伸进面团中心会觉得它在发热。仔细看看会发现面团中有许多小空泡。这是怎么回事呢？

原来，面团在暖暖地"睡觉"过程中，它所含的一部分淀粉被谷物中的酶分解成了麦芽糖，然后再进一步分解成葡萄糖。这时，酵母菌中的酶使淀粉中的少量葡萄糖氧化分解，产生二氧化碳和水，在这个化学变化的过程中，还释放出了少量热量。二氧化碳气体填充在面团中，使面团的体积变大，质地松软，产生的热使面团发热。

面发好以后，添加各种你喜欢的作料，再经过人工或机器的加工，做成一定形状。把如此这般处理过的面团放进烤箱里去烤一定时间，独具风味的香喷喷的面包就做好了。如果不是放在烤箱里去烤，而是把面团放在蒸笼里去蒸，其产品便是我们熟悉的馒头了。

无论是做面包还是蒸馒头，经过加热做熟以后，比生着的时候更加膨大松软，这是因为发好的面团里的二氧化碳气体遇热膨胀的缘故。

现在，人们爱吃的面包、蛋糕、馒头等各种发面食品的制作，都离不了酵母菌的作用。因此，人们送给酵母菌一个"发酵之母"的美称。

● 飘香美酒夜光杯

每逢新春佳节、朋友聚会或喜庆的日子，餐桌上总少不了备些美酒来助兴。在我国，酿酒有着悠久的历史，大约4000多年以前，我们的祖先便会酿酒了。"清明时节雨纷纷，路上行人欲断魂，借问酒家何处有，牧童遥指杏花村。"这首脍炙人口的诗中所指的就是我国颇有名气的山西杏花村生产的汾酒。

当年，我国贵州的茅台酒参加巴拿马国际评奖大赛，因包装粗糙而未引起评委的注意。一位中国代表急中生智，将酒坛摔碎在评酒大厅，阵阵醇香令人陶醉，博得了评委们的齐声赞叹，使茅台酒荣获国际金奖而享誉全世界。那么，酒到底是怎么来的呢？

酒的种类很多，如白酒、黄酒、葡萄酒、果露和啤酒等等，一应俱全。尽管各种酒的原料和酿造工艺不同，但其生产过程的中心环节都离不了酿酒大师酵母菌的发酵作用。

我国的传统酿酒方法用的原料是含淀粉的谷物。可是，酵母菌不会产生消化淀粉的淀粉酶，所以它不能直接利用含淀粉的原料。怎么办？我国劳动人民在长期的生产实践中，创造出了独特的酿酒工艺。拿做白酒来说，首先进行制曲，即用部分淀粉原料与曲霉和根霉混合制成；再利用曲中的曲霉、根霉合成和分泌的淀粉酶具有把淀粉分解成葡萄糖和麦芽糖的能力，使淀粉分解成葡萄糖，这个过程叫糖化；然后再利用酵母菌的作用，在厌氧条件下把葡萄糖转变成酒精，这叫酒精发酵。像这样利用几种、甚至几十种微生物同时进行发酵是我国特有的发酵方法。从现代微生物学的观点来看，利用曲进行酿酒，实际上是一个先后利用两类微生物的生理活动进行酒精发酵的酿酒工艺，它不但在世界酿酒史上最早把霉菌应用到酿酒业中，而且对现代微生物发酵工业的发展也有一定的意义。

我国的许多名酒在世界上享有盛誉，像贵州的茅台酒、四川的五粮液、山西的汾酒、陕西的西凤酒等。我国的各类名酒其芳香味道各不相同，主要原因是应用的霉菌、酵母菌的种类不同。这些微生物都有自己特定的酶系统，使酿造的工艺和成品质量各有千秋。

葡萄酒的生产工艺比起白酒来要简单一些。它是以葡萄为原料，经酵母菌的发酵作用制成的。当你走进生产葡萄酒的车间，就会高兴地看到一串串的葡萄"坐在"传送带上，通过一排排"喷泉"，把它们身上洗得干干净净，然后送上葡萄破碎机，一转眼儿就变成葡萄浆，不久，葡萄浆就成了

粮食

瞧！酒原来
是这样酿成的。

飘香美酒离不开酵母菌的功劳

酵母菌的美味佳肴啦。酵母菌吃了葡萄浆里的糖分之后，排出酒精和二氧化碳。发酵过程中温度维持在25～30摄氏度。经过几天的旺盛发酵，因糖分的减少而使发酵作用逐渐缓慢下来。以上过程为前发酵，前发酵在发酵池内进行。前发酵结束之后，除去残渣并压榨过滤，将过滤出的未成熟的新酒再进行后发酵。后发酵一般在贮酒桶中完成，贮酒桶放在发酵室内，温度一般控制在10～15摄氏度，这时酵母菌的活动慢慢变得微弱。经过以上过程得到的酒汁经一定时间的贮存陈酿，然后配制、澄清、过滤、装瓶，即可得到成品——红葡萄酒了。白葡萄酒的酿制方法与红葡萄酒大同小异，顾名

思义它是用白葡萄作原料。红葡萄酒是带葡萄皮一起发酵，而白葡萄酒需将葡萄去皮，仅取葡萄汁进行发酵。此外，白葡萄酒的酿制要求比红葡萄酒更严格。

具有液体面包美称的啤酒，也是酵母菌的杰作。啤酒是以大麦芽糖化淀粉为原料，再由酵母菌把糖转化成酒，还要加入啤酒花作香料，使啤酒具有独特的风味。酵母菌在发酵的过程中还产生维生素和氨基酸，使啤酒富含营养。啤酒中酒精含量低，对神经的毒害作用很轻，加上啤酒风味独特，清凉爽口，使它成为大众喜爱的饮料。

朋友，当你在喜庆的日子里举杯畅饮时，可别忘了酵母菌的功劳哦！

● 发酵"能手"乳酸菌

如果问你什么是乳酸菌，你也许会丈二和尚——摸不着头脑。但要问你喜不喜欢喝酸奶，你一定会毫不犹豫地点头说喜欢。实际上，乳酸菌对我们的生活来说并不陌生，它是一个地地道道的发酵能手。

乳酸菌的种类繁多，到目前为止，这类细菌共发现了五六十种，它们属于细菌大家族的成员。乳酸菌是一群可以利用葡萄糖、乳糖等发酵性糖类，并使之转变成乳酸的细菌，因此可以改善食品的风味。从食品制造的角度来说，乳酸菌可以说是众多有益的微生物中最有价值的一群，它们在食品及饮料方面的应用相当广泛，像我们平时吃的酸泡菜、酸黄瓜的制作，酱、酱油与葡萄酒的成熟过程，以及牛奶发酵制成的奶酪、酸奶等，都离不了乳酸菌的帮忙。

可供乳酸菌用来发酵的物质很多，但发酵后的产品不一定都适于食用，其色、香、味及营养成分必须达到一定的价值水平，才值得开发推广从而成为乳酸发酵食品。牛奶就是一种非常适于乳酸菌发酵的天然培养基，它的糖分含量充足，蛋白质的质与量俱佳。因此，自古以来，在世界各地的许多国家都不约而同地出现了由牛奶、羊奶、马奶甚至骆驼奶制成的乳酸菌发酵食品，虽然它们的名字各不相同，但它们的形态及制作原理却大同小异。

乳酸菌是严格的异养厌氧型细菌，它能把奶类中的乳糖或蔬菜中的糖分分解成乳酸，这个过程叫作乳酸发酵。所以，制作乳酸食品时，容器必须严格密闭，尽量不要让空气进入。否则，乳酸菌在有氧环境中很难成活。乳酸菌发酵的主要产品是乳酸，乳酸有一种很好吃的酸味，乳酸菌发酵食品的共同特点是都带一些酸味，而且乳酸菌在发酵过程中还会产生一些挥发性的带香味的物质，因此乳酸发酵食品成了人见人爱的食品。

如今，随着现代微生物学的发展，乳酸发酵制品的种类很多，产品的质量也有了很大提高，已经成为现代生活中不可缺少的食品，如市场上常见的"乐百氏"、"娃哈哈"果

奶、"妙士"、活性乳等均属乳酸饮料。

乳酸菌发酵食品不仅可以改善食品的风味，促进消化，使维生素含量增加，具有一般发酵食品的优点，而且还具有特殊的医疗功效。乳酸对保护人体健康大有裨益，因为乳酸菌在肠道内生长，可以使肠道内优势菌群维持在正常比例，同时抑制对人体不利的杂菌的繁殖，具有整肠作用。最早发现这种作用的是一位俄国的生物学家，他调查研究了保加利亚一些地区居民长寿的秘密，发现长寿的原因是当地独特的"保加利亚乳酸酪"。

乳酸菌饮料含有大量的有益于身体的乳酸菌，会使经过发酵的蛋白质变得容易消化吸收，因此，喝牛奶腹泻的人，可以放心大胆地喝酸奶。此外，科学家们还发现，发酵乳中含有抑制胆固醇合成的物质，食用后可以降低血液中胆固醇的含量。所以，乳酸饮料不仅小朋友们人人喜爱，也是老年人的健康食品。

● 灵丹妙药抗生素

世间万物都是相生相克的，即所谓一物降一物。大象这个庞然大物，偏偏最怕小老鼠；人是万物之灵，也被微乎其微的细菌折磨得痛苦不堪；而比细菌更小几百倍的噬菌体又是细菌的克星。微生物给人类带来疾病，而反过来，微生物又能以毒攻毒，治疗疾病。人类在逐渐认识这种矛盾而又玄妙的关系过程中，终于找到了对付有害微生物的灵丹妙药，这就是抗生素。

20世纪40年代，一位科学家曾给抗生素一词下了这样一个定义："抗生素是微生物在代谢过程中产生的，在低微浓度下能够抑制其他微生物生长，甚至能杀灭其他微生物的化学物质。"早期发现的抗生素只能治愈由细菌引起的疾病，而并不能抵抗所有的致病微生物，因此我国曾把这类物质译为"抗菌素"。随着人们对抗生素研究领域的深入发展，抗生素的含义也在不断扩大，覆盖到抗细菌、抗真菌、抗原虫、抗肿瘤、抗病毒等各个方面，再用抗菌素一词显然有些过时了，而抗生素一词比较科学准确。

1929年弗莱明发现了第一种抗生素——青霉素，至今已有70多年了。青霉素的发现，为人类开辟了一条抵抗感染、防治传染病的新路，它为人类健康带来的利益是无与伦比的。可以说青霉素是人类文明史上最伟大的发现之一。

但是，青霉素并不是万能的，它对另外的许多致病菌无能为力，并且随着细菌抗药性的产生，原来一些最怕青霉素的致病菌后来也变得对青霉素一点也不敏感，这就促使人们积极寻找更多的新抗生素。

1944年，青霉素已开始投入大量工业生产时，为了对付结核菌给人类造成的危害，美国细菌学家瓦克斯曼在放线菌中寻找抗生素取得成功。他从土壤中分离出一种灰色链霉

菌，这种菌长相貌似霉菌，但没有成形的细胞核，实质是原核生物，因此属于放线菌。瓦克斯曼从灰色链霉菌中分离出一种抗生素，这就是我们非常熟悉的链霉素。链霉素具有抗结核杆菌的作用，改变了当时结核病无药可治的局面，给无数结核病患者带来了福音。直到今天，链霉素仍然是治疗结核病的最主要的药物之一。

青霉素和链霉素的发现开拓了研究抗生素的广阔道路，之后，各种各样的新抗生素如雨后春笋般地涌现出来了：氯霉素、金霉素、土霉素、庆大霉素、红霉素、头孢霉素等等。在每一个抗生素名字的背后，都凝结着科学家们的大量心血。因为每发现一种新的有效的抗生素，都需要经过许多科学家几年甚至几十年的努力工作。像瓦克斯曼发现链霉素，是花费了他整整4年时间，挑选了1万多种菌株才实现的；金霉素的发现，是在研究了3400个含有无数菌种的土样后才最后取得的；而土霉素几乎是收集了从赤道到两极各地区的千万个土样，才分离出来的。

到目前为止，世界上已发现的抗生素有9000多种。由于抗生素中很大一部分对人体有较大的毒副作用，因此可用于临床的不过百余种，真正在临床上应用比较广泛的有50多种。在我国辽阔的土地上，肥沃的土壤中蕴藏着许多世界上独有的抗生素菌种。如从贵州取来的土样中分离出的一种菌，它可以生产万古霉素，用来抗击已经对青霉素产生抗药性的葡萄球菌；来自河北正定县土壤中的菌种能产生治疗白血病等恶性肿瘤的有效药物，它被命名为"正定霉素"。

每一种抗生素的作用对象都有一定的种类范围，这个范围叫作抗菌谱。抗微生物范围宽的叫广谱抗生素；反之，称为窄谱抗生素。在应用抗生素时，抗菌谱是主要的参考依据，也就是要对症下药。青霉素属于窄谱抗生素，如果得了急性肺炎，使用青霉素治疗是有特效的。青霉素对结核病则作用不大，但链霉素对它却非常有效。链霉素不仅对结核杆菌有突出的抑制作用，还对痢疾杆菌、鼠疫杆菌、流行性感冒杆菌、大肠杆菌、布氏杆菌有强抑制作用，因此链霉素可用来治疗结核病、细菌性痢疾、泌尿系统感染、鼠疫、败血症等多种疾病。

为什么抗生素能杀菌呢？病原菌和其他生物一样，有自己特定的生命活动规律和组成结构，如果破坏了它的正常生命活动的某个环节，或者损伤了身体的某个"小零件"，整个代谢活动就可能遭到破坏，进而死亡。抗生素正是通过生物化学作用，打击病原菌代谢活动中的某一点，来扰乱、破坏它的酶系统，使病原菌的生命活动失调，进而达到抑制或杀灭细菌的作用。有的抗生素能抑制细菌体内核酸或蛋白质的合成，使细菌自身缺乏原料而死亡；像青霉素能破坏某些细菌细胞壁的合成，使细胞破裂而死亡；还有的抗生素能影响细菌细胞膜的通透性。

你可能有体会，如果发生急性炎症医生决定为你注射青霉素之前，你必须先接受皮试。因为在青霉素引起的许多

不良反应中，最严重和最危险的当数过敏性休克，其表现为呼吸道阻塞、循环衰竭等，重症患者可在短时间内死亡。确实，抗生素虽然可以杀死病原菌，但许多抗生素对人体都有严重的副作用，儿童过量使用链霉素会造成听力下降甚至失聪；红霉素可引起胃肠不良反应等。同时，长期使用抗生素，还可以使病菌产生抗药性。所以，在使用抗生素时，一定要在医生指导下科学用药，不可乱用、滥用！

● 美味佳肴食用菌

　　在微生物的"小人国"里，虽然它们的种类繁多，不计其数，但可以直接为我们人类食用的只有两类，即部分藻类微生物和食用真菌类。过去，人们把食用菌称为"山珍"，它是饭店、宾馆甚至招待外国客人的国宴中不可多得的上等菜肴。如今，食用菌已经常出现在我们平民百姓的餐桌上，成为人们"菜篮子"中不可缺少的一部分了。

　　食用菌是一类具有肉质或胶质子实体的大型真菌，它们称得上是微生物"小人国"的巨人了。像平菇、香菇、金针菇、猴头、木耳和银耳都属于食用菌之列。它们五颜六色，绚丽缤纷，是一个红、橙、黄、绿、青、蓝、紫都有的七彩世界。它们的长相和姿态也婀娜多姿，各种各样。有的在细长的柄上套一顶又小又深的"帽子"，就像一个个小风铃；

有的在胖胖的身躯上支撑着一把"大花伞"，好像害羞的小姑娘；也有的孤芳自赏，悄然独立；还有的成群成片，高矮交错……真是微生物王国里一幅绚丽多彩的风景画！

无论是哪种食用菌，它们的身体大致都包括两部分。一部分深入到土壤或树木里，起着固定身体和供应营养物质的作用，它有点像高等植物的根，但并没有根那么复杂的结构，在微生物上这叫作菌丝体。长在外面我们可以直接看到的部分叫作子实体，也就是我们食用的那部分。子实体是由地下的菌丝体长出来的、起繁殖作用的部分，一般由"菌盖"和"菌柄"组成。子实体的多姿多色，正好给科学家们对它分门别类提供了依据，使它们有了各种各样的名字。

食用菌是怎样繁殖后代的呢？原来与其他真菌一样，食用菌也是靠产生极其微小的孢子来增殖个体的。当食用菌的子实体完全成熟以后，菌盖下面刀片样的菌褶便开始散播孢子了。一个单独的孢子用肉眼看不到，它只是一个生殖细胞，直径才几微米，只有在显微镜下才可以观察到。许多孢子堆积在一起像粉末一样，并且呈现一定的颜色。孢子的数量之多也是非常惊人的，通常一个成熟的子实体散发的孢子数可以达到十几亿到几百亿个。如果你有兴趣的话，可以买些成熟而新鲜的蘑菇，把它们放在干净的玻璃或桌面上过一夜，第二天就会发现，在蘑菇的下面出现了一层薄薄的"灰尘"，那就是孢子。

如同植物的种子只有在条件适宜时才发芽生长一样，孢

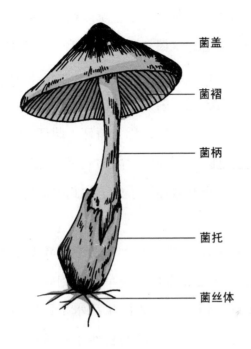

菌盖

菌褶

菌柄

菌托

菌丝体

蘑菇的形态

子也只能在合适的温度和湿度时才会萌发。条件适合时，孢子便迅速吸收环境中的水分，膨胀成一个"大肚子"。接着便从"大肚子"上长出1～2根新芽来，俗称芽管。这时候，孢子拼命地"吮吸"土壤或树木中的营养成分，不停地积累养分，并在体内合成多种生长所需的重要物质。这时，芽管上再次分裂出细长的菌丝，新生出的菌丝也是一头扎进土壤或树木中吸取营养，并陆续长出多条菌丝来。这些菌丝比蜘蛛网要密得多、厚得多，而且互相交错。就这样，菌丝体通过不断分支而向四周扩展，只要环境适宜，它们可以不停地生长下去，直至环境不能满足它们生长为止。一定时间之

后，这些纵横交错的菌丝便在土壤或树木上扎下了"根"，形成一个营养丰富的"粮仓"。在"粮仓"源源不断地输送养分的条件下，食用菌的地上部分——子实体便开始脱颖而出了，逐步长出菌托、菌柄、菌盖和菌褶等，有的食用菌的菌柄会套上一个小薄膜环，称为菌环。菌环的位置、大小、质地与颜色也是区分不同食用菌的一个标志。待食用菌的子实体成熟后，又开始散播孢子……如此周而复始，一代一代延续下去。

在我国幅员辽阔的大地上，无论是峰峦绵延的丘陵和山冈，还是无边无垠的森林与草原，到处都生长着妩媚多姿的食用真菌。但是，在人民生活水平日新月异、迅猛发展的今天，光靠野生食用菌的自然生长是远远不能满足人们菜篮子的需要的。实际上，我国劳动人民在长期的生产实践中，通过细心的观察、世世代代的采摘和食用，对食用菌的栽培技术积累了丰富的实践经验。特别是近几十年来，我国科学工作者对食用菌进行了深入和系统的研究，掌握了它们的生活习性，建立了一整套食用菌栽培的理论和技术，使这些"野菜"驯化成可以人工栽培的"蔬菜"，现在已是我们餐桌上的家常菜了。

食用菌不仅味道鲜美，而且营养极为丰富，富含人体所需的蛋白质、多种氨基酸、维生素，以及铁、钙、镁、钠、钾等多种矿物质。许多食用菌还有特殊功效，例如，金针菇可以调节人体胆固醇的代谢，降低体内胆固醇含量，促进胃肠蠕动；香菇中含有的香菇多糖等成分能抑制癌细胞的生长。目前，食用菌更是颇受人们青睐的保健食品。

● 是虫还是草呢

世界之大，无奇不有。在微生物王国里，就有这么个怪东西，你说它是虫吧，夏天里它长得像棵小草；你说它是草吧，到冬天它又像只虫。其实，它既不是草，也不是虫，而是一种真菌，它的名字叫冬虫夏草，简称虫草。冬虫夏草是我国独有的名贵真菌中药材，与人参、鹿茸齐名，并列为三大补品。

冬虫夏草是寄生在一些蛾类幼虫体上的真菌，这种真菌属于子囊菌。我们通常从药酒中见到的冬虫夏草，实际上是子囊菌寄生在幼虫体内而形成的虫与菌的结合体，它分为幼虫寄主和子实体两部分。幼虫形如僵蚕，子实体从幼虫头部向上直立伸出，形状很像一个细长的棒槌。子实体的顶部膨大成圆柱形的子座，下部连接虫体头部的较细部分是子座柄，子座内可以产生孢子。因此，出土的子座为孢子散播侵染昆虫、繁殖虫草创造了有利的自然条件。

春末夏初，虫草的孢子成熟，随风飘散。当孢子落在适宜的昆虫体上，便侵入、萌发，在其中安家落户，以幼虫的身体作为它的营养物质，开始在虫体内生长蔓延。到了冬天，被感染的幼虫钻入土中，菌丝在虫体内继续生长，分解

虫体的各种组织和器官，从中吸取营养，直至整个虫体内部都布满菌丝，并形成菌核；而幼虫日趋衰弱，到了快要羽化成蛾时变僵而死。在冬天，如果人们挖开土会发现土里只有僵死的幼虫。

到了第二年春天，天气温暖湿润，很适合菌体的生长，子囊菌就冲破幼虫的头部露出地面。接近盛夏时，长成棕色的棒状子实体，它长4～11厘米，粗约3毫米，就像一株小草似的，并常常与其他野草混在一起。过去，由于许多人不了解它的真相，以为它会变戏法，冬天变成虫，夏天又变成草，也就给它取了"冬虫夏草"的名字，并一直沿用下来了。其实，认为冬虫夏草是虫变草的说法是不科学的。

冬虫夏草是子囊菌中的一大类，主要寄生在不同昆虫的幼虫、蛹或成虫体上，也有极少数寄生在蜘蛛动物体上。冬虫夏草的寄主是鳞翅目的一些蛾类，如虫草蝙蝠蛾、白马蝙蝠蛾等。

冬虫夏草最早产于我国，这是世界公认的事实。早在我国古医书《本草纲目》中就记载了它的医疗功效。1935年出版的《中国医学大辞典》中进一步揭示了冬虫夏草的秘密。我国已知的冬虫夏草种类有58种。野生的冬虫夏草生长在海拔3500～5000米高原上。我国虫草主要产于四川、西藏、青海、云南、甘肃的高山、亚高山草甸之中。四川的甘孜、阿坝、凉山三个州的冬虫夏草产量可占全国的60%，被称为"虫草之乡"，但产量极为有限，而且由于虫草的特殊生活习性，使人工栽培难以成功。

冬虫夏草是中外驰名的珍贵中药，药用部分是干燥的子座和死虫中的菌核。在医学上作强壮滋补剂，适用于治疗肺结核、神经性胃病、老年体衰、贫血虚弱及慢性咳嗽、气喘等疾病。近代医学家发现，虫草还有抗癌功能，对抑制鼻癌细胞有明显效果。

冬虫夏草含有人体所需的多种氨基酸、维生素等有益成分，可以泡在酒里制成药酒饮用，也是美味可口的上等佳肴。

● 碧松之下茯苓多

提起茯苓饼，北京人恐怕无人不晓。它是北京有名的特产，吃起来美味爽口，而且营养丰富，可以帮助消化，所以来北京旅游的人常常要买几盒茯苓饼带回去馈赠亲友。制作茯苓饼的主要原料就是茯苓。关于茯苓饼，还有一段来历呢！

茯苓本是一种中药，早在《神农本草经》一书中，已将它列为"上品"。因为茯苓有健脾补中、养心安神的药理作用，清代慈禧时期成了宫廷里经常享用的补品之一。后来为了增添这一补药的美味，御膳房在太医的指点下精制成茯苓饼，慈禧还以此赏赐大臣，渐渐地茯苓饼成为清王朝末年的名点。除了茯苓饼以外，在民间和宫廷还常制作多种名点茯苓糕供食用。

入药用的茯苓是一种真菌的菌核。它由无数的菌丝集结缠绕在一起，最后慢慢形成自己独特的形状和结构。新鲜的菌核外形很像山药，形状不一，有球形的、椭圆形的、扁圆形的、卵形的以及不规则形的等等。菌核的重量悬殊很大，大的有数千克重，小的仅有0.5千克左右。菌核外皮很薄，表面粗糙有皱纹，有的还长一些"小瘤子"，呈黄褐色、棕褐色或黑褐色，颜色一般都较深，菌核的内部则是白色或粉红色的。整个菌核由无色菌丝、少量棕色菌丝、分生孢子和聚糖黏胶物质所组成。

松树是茯苓最亲密的朋友，它们形影不离，茯苓常常以松树为自己的家。在我国的南方和北方各省的松林里，都可找到野生茯苓。我国古代劳动人民早就对茯苓的生活习性了如指掌。唐代大诗人李商隐有诗云："草堂归来背烟萝，黄绶垂腰可奈何，因汝华阳求药物，碧松之下茯苓多。"这不仅是对采药人艰辛劳作的真实写照，同时也准确地描述了茯苓的生活环境。采药人在长期的野外采集茯苓的实践中，积累了丰富的经验。他们用一根带沟槽的铁探条插入松树下的土壤，再拔出来，如果见沟槽的土中有白色粉末，就可从地下挖出新鲜的茯苓；或者看一

具有养心安神作用的茯苓

看松树根的颜色、闻一闻气味，也能大概判断出哪里有茯苓。茯苓一般生长在松树的根下，有时候它像个顽皮的小孩，紧紧地抱住树根生长，这种抱根生长的茯苓疗效最高，也最名贵，被尊称为"茯神"。

由于野生茯苓的数量很有限，而人们对茯苓的需求量又很大，所以在我国南方的一些省已经开始用松木进行人工栽培，大面积种植，以满足国内外的需求。

通过对茯苓的化学成分的分析可以知道，它除了也像其他生物一样含有糖类、蛋白质、脂肪、水分外，还含有大量的果胶、茯苓酸、茯苓糖等物质。茯苓具有利尿、健脾、安神的功效，常常用来治疗体虚浮肿、脾胃虚弱、失眠健忘等多种疾病，是我国中医宝库中的一味名贵中药。现代药学家对茯苓的成分和药理进行了深入的研究，发现茯苓除了治疗以上病症外，还有较高的抗癌活性，通过对小白鼠的实验证实，服用茯苓中的有效成分后，促进了体内抗癌淋巴因子——白细胞调节素的增加。

● 松毛虫的克星

松毛虫是危害森林的大敌，它们能把松树的针叶吃个精光，使原本生长茂盛的松林大片地死亡。有什么办法可以消灭松毛虫呢？喷洒化学农药，尽管可以起到一定作用，但化

学药剂不分青红皂白，在杀死害虫的同时，连害虫的天敌也一股脑儿杀死，到头来反而可能使害虫更加猖獗，而化学药剂所造成的环境污染更是不容忽视。于是，科学家们又把目光转向了微生物，经过大量的观察和研究，终于发现了松毛虫的克星——白僵菌。

白僵菌属于真菌大家族的成员，人们最早是从僵死的蚕体中发现它的。松毛虫一遇到白僵菌，就会浑身长满白茸，最后僵硬而死。那么，白僵菌是怎样杀死松毛虫的呢？

原来白僵菌的分生孢子成熟以后，能在空气中自由漂浮，当空气湿度较大时，很容易黏附在昆虫的体表，这样松毛虫就染上了病。在适宜的温度和湿度条件下，孢子吸水膨胀萌发出菌丝。昆虫体表的硬壳叫外骨骼，其主要成分是几丁质，而白僵菌的菌丝恰恰能分泌几丁质酶，这种酶专门溶解几丁质，它好比白僵菌战胜松毛虫的秘密武器。于是，白僵菌依靠酶的作用，先把昆虫坚硬的外骨骼钻出一个洞，然后钻进去。白僵菌还可以产生蛋白质毒素，很快把虫子毒死。侵入虫体内的菌丝就以昆虫体内的营养物质为食大吃起来，它尤其喜欢吃脂肪组织。白僵菌的菌丝快速生长，钻入各个组织器官内。很快地，昆虫的组织器官被破坏，细胞的物质被消耗；最后，菌丝体占据整个虫体，把虫体内的水分吸干，松毛虫就变成了一具又干又硬的僵尸。

当菌丝吸尽虫体内的养分以后，便沿着昆虫的气门间隙

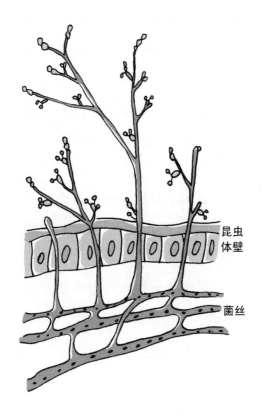

穿过昆虫体壁的白僵菌

和身体的缝隙伸出体外，生成气生菌丝，在气生菌丝顶端又产生分生孢子。这时，虫尸上覆盖的白色茸毛和粉状颗粒，就是白僵菌的气生菌丝和分生孢子，白僵菌的名字就是由此而得的。分生孢子又随风飘落，投入新的战斗，使一批又一批的松毛虫感染白僵菌而死亡。

白僵菌不仅能防治松毛虫，而且还能消灭多种害虫。目前已经知道，至少有200种以上的昆虫可受到白僵菌的侵

袭，其中许多是重要的农林害虫。除松毛虫外，还有玉米螟、蝗虫、麦椿、大豆食心虫、苹果食心虫等等。白僵菌虽然如此厉害，但它却不会对人和牲畜造成伤害，也不会危及害虫的天敌，是当前较好的一种生物防治用菌剂。现在，白僵菌已被制成生物农药，通过喷雾、喷粉等方法，撒布到农田、松林中。

当然，任何事情都是有利有弊，白僵菌也不例外，它能感染家蚕，这对养蚕业就是一个极大的危害。家蚕被白僵菌寄生后，体表长满白色的菌丝，虫体变得僵硬，这样而死的蚕叫僵蚕。僵蚕是一种常用的中药，它对腮腺炎、扁桃体炎、高胆固醇、脂肪肝都有一定的疗效。

● 话说细菌肥料

俗话说："庄稼一枝花，全靠肥当家。"可见肥料对于作物是多么得重要。

说到肥料，人们很自然会想起化肥厂里生产的各种化学肥料，以及人畜粪尿等一些农家肥。但是你听说过吗？细菌也能作肥料。

其实，辽阔广袤的地球表面三四十厘米厚的土壤就是一个天然的肥料厂，这里生活着无数的微生物，它们在其中生息繁衍，同时产生各种代谢产物，供给植物生长所需要的养料。作物对氮肥、磷肥、钾肥的需要量最大，把它们合称为"肥料三要素"。

我们先来看看氮肥。在微生物王国里，生活着一群特殊"公民"，它们有一种奇特的本领，能够把空气中的氮固定下来，转变成可以被植物吸收利用的含氮养分，这群特殊的微生物叫作固氮微生物，它们的奇特本领叫作固氮作用。它们就像一个微型氮肥厂一样，源源不断地把氮气转变成氮肥供给农作物享用。

固氮微生物的种类很多，大致可以把它们分为三大类：共生根瘤菌、自生固氮菌和固氮蓝藻。

共生根瘤菌与大豆等豆类植物生活在一起，根瘤菌深入到植物的根内，从中吸取营养。同时，根瘤菌通过它的固氮作用又为植物提供了充足的氮肥。它们好比一对亲密无间的好朋友，谁也离不开谁。生物之间这种互惠互利、相互依存的关系叫作共生。1亩地中所含的根瘤菌在一年时间内可以固定10～15千克的氮，这相当于向土壤中施加50～75千克的硫酸铵。

自生固氮菌能独立生活并进行固氮作用，其种类较多，有的是好氧菌，有的则是厌氧菌。在1亩上地中的自生固氮菌一年内固定的氮气约有2.5千克，相当于12.5千克硫酸铵。

固氮蓝藻有在水中固氮的本领，是提高水田肥效很有前途的一类微生物。每年若向每亩水田中施放2.5千克蓝藻，它们的固氮效果就相当于施加45千克的硫酸铵。我国早在1956

年就开始研究固氮蓝藻在水稻上的应用了，现已达到世界先进水平。

把固氮的微生物进行人工培养获得大量的活菌体，然后用它们拌种或施播，这就是近年来迅速发展的细菌肥料，简称菌肥。细菌肥料不仅能提高农作物产量，而且因为活的菌体能在土壤或水田中继续生长繁殖，有一年施加多年有效的好处。

能够制成菌肥的还有磷细菌和钾细菌等微生物，以及氮、磷、钾三种细菌的混合肥料。这种混合肥料既有固氮作用，又能分解土壤和肥料中难溶于水的含磷和钾的物质供农作物吸收利用。同时，在这些细菌的新陈代谢过程中，还能分泌一些对农作物生长有利的物质。据实验，在晚稻中使用混合菌肥可使产量提高10%，在地瓜种植时使用可增产20%以上。

我国农业科技工作者还研制成功了一种新型微生物肥料——5406抗生菌肥。这种菌肥是黄放线菌的制剂，菌种经人工培养接种在豆饼和肥沃土壤的混合物中，堆积发酵5~7天而成。它具有成本低、肥效高、抗病害、促生长、水田和旱田都能使用的优点，对粮、油、棉、麻等作物均有良好的增产效果。

动植物的残体经微生物作用以后，可以生成一种黑色或棕色的复杂高分子有机化合物，叫作腐殖酸。腐殖酸不溶于水，与碱类作用后可生成溶解于水的腐殖酸盐，如腐殖酸钾、腐殖酸钠、腐殖酸铵、腐殖酸钙，这些化合物既有农家肥料的多种功能，又含有速效成分，与化肥相似，所以把它

"我施菌肥长得壮"

们叫作有机化肥或腐肥。腐肥本身是一种好肥料，而且它还能活化土壤中的微量元素供植物利用，特别是磷的活化，可以使土壤中的有效磷提高20％左右。土壤施加腐肥后能增加土壤的团粒结构，改善土壤的酸碱性，有利于植物生长，同时促进了土壤中有益微生物的活动，使分解纤维素的微生物增加约1倍，氨化细菌增加1倍多，自生固氮菌能增加2倍以上。此外，腐肥还能刺激植物的多种酶的活性加强，这样就使植物的"口味"改善，"食欲"增强，长得快，结果大，使用腐肥后产量一般能提高10％～30％。

看来，细菌肥料是成本低、效率高、无毒副作用的好肥料。发展细菌肥料大有前途！

五、从古至今　四海为家

● 地球最古老的"居民"

在远古时期，地球上并不像今天这样繁荣。没有千姿百态的虫鱼鸟兽，没有五彩缤纷的花草树木；有的只是高山、大海、河流、冰川，除了火山爆发、电闪雷鸣以外，到处一片寂静，死气沉沉。经过极其漫长的年代和极其复杂的演化过程，具有划时代意义的事件发生了，一群神秘的"精灵"悄然问世，它们就是地球上最古老的居民——微生物。

1960年，美国的一位博士声称，在南非斯威士兰的沉积岩地层中找到了被认为是微小的细菌化石，这是一种31亿年前的生物，为世界上最古老的化石。31亿年前是前寒武纪时代，地球诞生才不过14亿年。那时生命才刚刚问世。

亿万年来，大千世界历尽沧桑，成千上万种生物在进化历史的长河中匆匆而过，中生代曾经称霸世界的恐龙，最后也以全部灭绝的结局而"载入史册"。然而，尽管微生物的个体那么微小，大自然经历那么剧烈的变迁，它们却顽强地保存下来，并且逐步发展壮大，丝毫见不到衰败的迹象。那么，微生物是如何在残酷的生存斗争中立于不败之地的呢？原来，微生物都有着特殊的生存本领。

首先，微生物的繁殖能力实在惊人。细菌在条件好的时候，15～20分钟就可繁殖出一代，照此推算，一个微乎其微的细菌，用不了几天工夫，它的子孙后代聚到一起就有地球那么大；霉菌一次便可以产生出上万甚至上亿个孢子，每个孢子遇到合适的环境都可以形成一个新个体。难怪微生物具有种类多、数量大、分布广的特点，难怪由微生物引起的传染病流行广、传播快。虽然由于环境影响和自身的原因，大批新生菌都死亡了，但还是有大量微生物生存下来，使它们能"香火不断"，延续至今。

其次，微生物适应环境的能力极强。微生物极强的应变能力，使它们能在其他生物无法生存的环境中安居乐业。人类能够生存的温度范围在±40摄氏度之内，而有的微生物在90摄氏度高温的水中活动自如，有些耐寒病毒可以在−190摄氏度时依旧生活，还有的微生物在稀酸水中习以为常。微生物对空气的要求有需氧型，也有厌氧型，因此即使在缺氧的恶劣环境中，仍有大量厌氧微生物生存，这对整个微生物王国来说又增加了生存机会。微生物既能在8万米的高空中"飞舞"，又能在4000米的深海中出没，更是令人感叹不已！

再有，微生物具有独特的有利于生存的休眠本领。有些微生物在一定阶段，它们的原生质会浓缩，外面生成厚厚的外壁，这就是芽孢。芽孢可以抗干旱，抗高温，抗化学药剂。一个芽孢可以独立地生活十年至几十年的时间，一旦环境条件适合，它又会恢复原来的面貌，这种生存的高招在生物界是独一无二的。据报道，有的芽孢经500～1000年仍有活力，1981年苏联一个农庄的奶牛，在接触过一个考古遗址后都患上了奇怪的炭疽病。经证实，这些奶牛是感染了该地1000年前曾流行的炭疽病病菌的芽孢而得病的。

最后，微生物的口味非常繁杂。它们有的吃动植物的尸体，有的吃人类的残渣剩饭，有的吃纸，有的吃钢铁，甚至有的微生物只吃点儿空气中的二氧化碳也就够了。总之，微生物获得食物简直易如反掌，如此广泛的食谱，在自然界实属罕见。

微生物——这个从远古走来的微小"精灵"，源远流长，它们无处不在，无所不能。它们仍将以地球上不可或缺的角色活跃在历史的舞台上。

● 微生物的大本营

土壤是微生物的大本营，是微生物生活的最好场所。土壤里微生物的种类最多，数量也最大。那么，为什么土壤是微生物生活的最好场所呢？

我们知道，微生物要进行各种生命活动，维持它的新陈代谢，就要不断地与外界环境进行着物质和能量的交换，需要从外界环境中摄取营养物质，并把体内代谢产生的废物排出体外。而土壤中含有丰富的有机质，正好为微生物提供了充足的碳源、氮源和能量；同时也有丰富的无机矿物质，为微生物的生长提供矿物养料。土壤有良好的持水性，保证了微生物生长繁殖所需要的水分。土壤的多孔性贮留了许多空气，能满足好氧性细菌的需求。另外，土壤的酸碱度接近中性，其他物理化学特性也与微生物生长繁殖的要求相似。可以说，土壤是微生物的天然培养基，是最适合微生物生活的地方。

只要有土的地方，就一定能找到微生物的踪迹。土壤中微生物的数量之大是相当惊人的。据估测，通常1克肥土含有几亿至几十亿个微生物；贫瘠的土壤每克所含的微生物数量也有几百万至几千万之多。其中既有非细胞形态的微生物，也有细胞形态的微生物以及藻类和原生动物。

土壤中的微生物以细菌为最多，通常占土壤微生物总数的70％～90％，主要是异养腐生型细菌，少数是自养型细菌。细菌极小，一个细菌的重量微乎其微，几乎可以忽略不计。但是，由于数量极多，所以生物量也很高。所谓生物量，是指单位体积中活细胞的重量。若以每公顷16厘米深耕作层的土壤质量以225万千克计，则每公顷土壤的这一深度内细菌的质量为1350～3450千克。细菌的干重约占土壤质量

的万分之三。由于细菌个体小、数量多，与土壤接触的表面积特别大，使它们成为土壤中最大的生命活动面，也是土壤中最活跃的生命因素，时刻不停地与周围环境进行着物质交换。

肥沃的农业土壤中微生物的数量

微生物类型		每克土壤的菌数
细菌	①显微镜直接计数	2 500 000 000
	②稀释平板计数	15 000 000
放线菌		700 000
真菌		400 000
藻类		50 000
原生动物		30 000

土质类型和土层深度的不同、季节与降雨量的不同以及耕作制度等许多因素，都对细菌的分布和活动产生影响。一般来说，富含有机质的黑钙土比有机质缺乏的灰化土含有的细菌要多，表层土中的数量和种类也比深层土中多。特别是硝化细菌、纤维素分解菌和自养固氮菌等，更是随着土层深度的增加而急剧减少。土壤中含有的空气和水分是对立的，降雨量过多，会使土壤通气不良，好氧性细菌的数量会减少；相反，土壤缺水，过于干燥，也会影响细菌的生活。只有土壤中的含水量适中，通气状况也好，才有利于细菌的生活。

土壤中的放线菌数量也很大，仅次于细菌，每克土壤含有几百万到几千万的菌体和孢子，占土壤中微生物总数的5%～30%。它们大多喜欢碱性而富含有机质的温暖的土壤。放线菌虽比细菌少，但由于体积大，比细菌大几十倍到几百倍，所以土壤中的生物量并不低于细菌。放线菌的耐干旱能力也比细菌强，能存在于干燥的土壤乃至沙漠中，它们随土壤深度的增加而减少的速度比细菌慢，因此深层土壤中放线菌的数量往往比其他微生物要多。

真菌主要分布在土壤的表层，由于它们喜欢酸性，所以在酸性森林土壤中更多。土壤中真菌的数量要比细菌和放线菌少，每克土壤只含几万个至几十万个，但由于真菌的菌丝较粗，个体的体积较细菌和放线菌大，土壤中的真菌往往具有很强的分解能力，有不少真菌能分解许多微生物不能分解的纤维素、木质素等物质，从而有助于改善土壤的结构，提高土壤肥力。

● 天高任菌"飞"

"海阔凭鱼跃，天高任鸟飞。"虽然土壤是微生物的故乡，但它们也经常随空气飘游，四处旅行。它们乘坐在尘埃或液体飞沫中，凭借风力随空气的流动，可以漫游3000千米之远，飞跃2万米之高。比鸟飞得高多啦，真可谓天高任菌"飞"！

空气中的微生物主要来自土壤飞扬的尘埃、水面吹起的

液体泡沫以及人和动物体表干燥的脱落物和呼吸所带出的排泄物等。

空气中微生物的数量直接取决于空气中尘埃和地面微生物的多少。尘埃越多的地方，空气中微生物就越多。大工业城市上空微生物最多，乡村次之，森林、草原、田野上空比较洁净，海洋、高山以及冰雪覆盖的地面上空，微生物就更稀少了。

空气中微生物的分布也随着海拔高度而改变，离地面越高，空气越洁净，含微生物越少；室内空气中的微生物一般比室外要高，特别是公共场所，每立方米空气中的细菌可达2万个以上；居室空气中的微生物比一般房间要高。

空气中含有的微生物种类主要为真菌的孢子、细菌的芽孢和某些耐干燥的球菌，如葡萄球菌。空气中的致病菌主要是由病人或带菌者在咳嗽、吐痰、打喷嚏和呼吸时随同飞沫一起大量排出的，并在空气中散播。此外，也有许多耐干旱的病原菌，它们随病人、病畜的分泌物、排泄物排出体外，当这些排出物干燥后，病菌也随尘土飞扬起来，到处散布。肺结核病人的一口痰中所含的结核杆菌就可达成千上万个。

人体经常处于微生物的重重包围之中，时时刻刻都进行着斗争，一旦机体免疫力下降，病原菌就会乘虚而入。脑膜炎双球菌喜欢在春暖花开时节出来旅行，侵入人体后先进入血液，再跑到脑、脊髓的外膜上"扎根"，造成脑脊髓膜炎，这种病死亡率高达80%，即使大难不死，往往也会留下各种后遗症。再有，如果某地正在流行流行性感冒，则该地空气中就会有较多的流感病毒，通过空气飞沫传播，很快流行起来，患者的一个喷嚏就有可能使周围的人也感染上流感。此外，引起肺结核的结核杆菌、引起小儿麻痹症的脊髓灰质炎病毒以及引起麻疹、腮腺炎的病毒等都是靠空气的传播从而引发传染病的。

当然，许多病原微生物在空气中逗留的时间是短暂的，它们可以很快被日光所杀死。但在阴暗角落，有些耐干燥病菌可以长久地存活，如结核杆菌在尘埃上待9个月仍有感染力。

我们应养成良好的卫生习惯，不随地吐痰；在传染病流行期，去公共场所时要戴口罩，服预防药等；居室要经常开窗通风，有条件时还应定期消毒，以保持空气的新鲜和洁净。同时，青少年要加强体育锻炼，提高自身的免疫力，这是预防传染病的根本措施。

● 从水中作乱到流水不腐

严格意义上讲，水中是不应该含有微生物的，因为单纯的水不能养活微生物。但是，土壤、空气、动植物体上的微生物常常因受风雨的袭击而沦落水中。无论在江、河、湖、海中，还是城市自来水、下水道，甚至温泉中，都可发现微生物的"足迹"。

水中微生物的分布因水的理化特性的不同而有很大差

异。在静水池中微生物数量很多，流水中较少。池水和湖水微生物的数量决定于水中有机质的含量，有机质越多，微生物量越大。地下水、井水和泉水因为经过很厚土层的过滤，含有营养物质少，因而微生物也少。靠近城市的废水中有机物丰富，可使微生物大量繁殖，并会造成水中溶解氧缺乏，致使鱼类等得不到充足的氧气而死亡。

水中微生物的分布也受到气候、阳光的影响。夏秋季节水温比较适宜微生物生长繁殖，数量高于冬季；水面由于受到阳光的杀菌作用而使含菌数降低，一般在5～20米深水中含菌数最多。另外，生长有藻类和原生动物的水域，因为它们能吞噬一定数量的微生物而使微生物数量减少。

在不同地层的地下水中所含的微生物种类也不同，在含石油的地下水中，含大量能分解碳氢化合物的细菌；在泉水中若含铁，则常发现有铁细菌，含硫则可能发现硫细菌。

海水由于其特殊的高含盐量、低温、高压等特点，而不利于微生物的生存，故海水中微生物的数量较淡水中少，但海底由于有机沉淀物多而含有许多微生物。

湖泊、水塘、河沟等中的微生物大部分来自土壤和生活污水，尤其是生活污水。流经大城市的河流，汇集了许多生活污水，其含微生物的量就多，而远离城市的河流则洁净澄澈，含微生物少。所以，在很大程度上，水中微生物的种类和数量直接反映了陆地上的情况。

通过各种途径流落入水的微生物，有些因不能适应水环境的生活而慢慢死去，有的则暂时生活在水中，一些病原微生物则可以利用水中的营养物质生活很长时间。由污染的水源传染的传染病造成的危害也是巨大的，特别是一些肠道传染病如霍乱、伤寒、流行性肝炎等。1982年，德国的易北河水含有霍乱弧菌，使饮用这条河水的8000多人上吐下泻、严重脱水而死亡。1988年上海市甲型肝炎的流行至今令许多人心有余悸，其很大程度上就是由于水源污染造成的。可见，搞好城市污水的治理，保护好水源，搞好饮食卫生，严把"病从口入"关，是关系国计民生的大事。

　　虽然水中有些微生物给人类带来了一些麻烦，但绝大多数微生物是水体中物质循环链上的一个环节。在一潭死水中，好氧微生物的生长繁殖消耗大量氧，造成水中缺氧环境。这时，厌氧微生物就大量繁殖，它们放出恶臭的硫化氢、难闻的氨气和甲烷等各种气体，所以使水变得又脏又臭。而经常流动的江、河、湖水里有足够的溶解氧，使好氧微生物能很好地生长，它们将水中的有机物一部分变为自己的食物而用于生长繁殖，一部分转变为水和二氧化碳。这些微生物又可被低等动物吃掉，从而起到了清除水中杂质的作用，使水得到净化。人们常说的"流水不腐"，实际上那是微生物的功劳！

● 你有细菌百万亿

你信吗？有人统计过，正常成年人的身上含有的微生物数量达到 10^{14} 个，也就是 1 百万亿个。这是多么惊人的数字！

人体上的微生物广泛分布于人的体表、消化道、呼吸道等与外界环境相通的管腔内。正常的胎儿是不含有微生物的，而当胎儿从母体产出数小时后，科学家们就可以在其体表以及与外界相通的管腔分离出微生物。这说明，人体上最初的微生物是在生产过程中和出生后与周围环境接触中，才被微生物污染而带上的。

由于人的体表及与外界相通的管腔连通外界环境，而外界环境中几乎到处都有许多微生物的分布。因此，环境中的微生物不可避免地要传到人体上来。

本来，人体有一整套免疫系统，既有非特异性免疫功能，又有特异性免疫功能。非特异性免疫能不考虑对象地排斥一切侵入人体的有害物质；而特异性免疫功能则使人体具有强烈的针对性，专门排除那些特定的病原物质。按说，人体的免疫系统能够及时地阻挡、排斥和杀死入侵的异己者，微生物要在人体上定居似乎是不可能的。但是，事实上恰恰相反，人体上不仅有微生物定居，而且由于长期进化的结果，使人与定居的微生物之间形成了一种相互适应、相互依赖、互惠互利的友好关系。人体离开了这些微生物反而生长不良，甚至患病不断。这一点，科学家们在无菌动物的培育中已得到证实。科学研究还发现，在人体的一定部位只适合一定的微生物生活，因而一定部位的细胞只能接受一定的微生物。

有人研究证明，从重量来看，人体携带的微生物总量约为1.271千克，其中肠道就占1千克，肺占20克，皮肤占200克，口腔占20克，鼻、眼占11克，其他占20克。为什么微生物能与人类和睦相处呢？

在正常情况下，人的胃肠道中存在着庞大的微生物群落，胃肠的微生物占人体微生物总量的78.67％。人的胃中由于有胃酸的存在而呈强酸性，pH值只有1.8，这对许多微生物都有杀灭作用，但胃中仍能检出乳酸杆菌和酵母菌，说明它们可以抵抗胃酸的腐蚀。小肠上段有胆汁，能抑制一些菌的生长，所以含菌少，但越往后，细菌总数越多。在人的大肠中，有丰富的营养物质，又有合适的酸碱度、温度，于是就成了微生物生儿育女、定居生息的好地方。因而大肠段微生物总量是胃肠道系统中最大的，每克粪便中的菌数可达10^{11}个，可占到粪便重量的40％，而且90％以上是活的。大肠中常见的微生物有大肠杆菌、产气杆菌、双歧杆菌等等，这些菌群并不只是在肠道中坐享其成，它们对人体也有美好的奉献。它们可以为人体提供维生素B_1、B_2、B_3、K、叶

酸、氨基酸等物质，参与食物的消化和吸收。如果人们长期过量服用抗生素药物，杀死了这些微生物，就会使正常菌群失调，引起维生素缺乏、腹泻等病症。所以不能滥用抗生素。

人的皮肤上经常附着有链球菌、小球菌、大肠杆菌、霉菌等微生物。一旦皮肤损伤，致病菌侵入伤口，就会引起发炎甚至化脓。大家都有体会，护士在给你打针时都要先用酒精棉球消毒皮肤，就是为了防止皮肤上的微生物随注射器针眼进入人体。我们平时应勤洗澡、勤换衣，讲究皮肤卫生。

人的口腔里所含的食物残渣和脱落的上皮细胞是细菌的良好营养物，口腔里的温度也很适宜细菌生长繁殖，所以口腔中有各种球菌、乳酸杆菌、芽孢杆菌等生存，这些微生物在分解利用食物中的糖类时产生许多有机酸，会腐蚀牙齿。因此，养成饭后漱口、睡前刷牙的良好习惯，可以减少口腔中微生物的数量，保持口腔清洁和保护牙齿。

此外，在鼻腔、咽喉部位常有白喉杆菌、肺炎双球菌、葡萄球菌和流感杆菌等；在眼结膜、泌尿生殖道等处也都有一些微生物生存。一些致病菌一旦遇到皮肤破裂、人体过度疲劳时便会使人得病。

就这样，人体与微生物经过长期的相互斗争达到相互适应，形成了和谐互惠的关系。同时，侵入人体的各种微生物之间也存在着相互协调平衡的作用。

在微生物侵入机体时，往往不是只有一种或两种，而是许多种微生物同时入侵，究竟谁最终能定居到人体的某个部位，则完全要看微生物能否适应人体以及该微生物在生存斗争中是否占优势。因此，在入侵的微生物物种间也存在着激烈的生存斗争。

我们现在用来消炎治病的抗生素，实际上就是微生物为了争取到更大的生存空间和得到更多食物来源而产生的抑制其他微生物生长的物质。在微生物生活的微生态系统中常常存在着有趣的种间拮抗或联合现象。如在肠道中，厌氧菌可以产生过氧化氢，这对无过氧化氢酶的细菌可造成极大的毒害作用；大肠杆菌产生的菌素，能影响与它们近缘的菌种合成核酸，使其不能在肠道生活，但大肠杆菌产生的叶酸却可供肠球菌利用。

以上实例只反映了微生态中微生物间相互作用的一个侧面。事实上，微生物之间的关系是非常复杂的，它们既有相拮抗的一面，又有相互共生的一面，当它们之间达到生态平衡时，正常的微生物群落也就建立了。当然，这种平衡不是一成不变的，而是一种动态的平衡。随着年龄、饮食结构的改变和机体状况及环境条件的改变而经常变化。有时，由于某种原因使这种平衡被打破，人体就会出现病理状态。

● 牛儿为什么能吃草

牛、马、羊、兔等是大家很熟悉的动物。如果要问它们有什么共同之处，你一定会想到，它们都是吃草的。这些动

物为什么能吃草呢？这还得从头说起。

牛羊吃的草中主要成分是纤维素。纤维素和淀粉一样，基本组成单位也是葡萄糖，它们都是由成百上千个葡萄糖分子一个一个地连接起来形成的长链大分子，所不同的是它们的结构有点区别，具体地说，就是葡萄糖与葡萄糖之间的连接方式不同。纤维素里葡萄糖分子是 β-构型，相邻的两个葡萄糖分子之间通过 β-1，4糖苷键彼此连接；而淀粉里葡萄糖分子是 α-构型，葡萄糖分子之间通过 α-1，4糖苷键连接。这种情形如果打个形象的比喻，就好比你的左手和右手，分子组成一样，方向却相反。世界真是奇妙，仅仅由于葡萄糖构型的不同和连接方式的差异，形成的淀粉和纤维素就是截然不同的两种物质。

淀粉是我们人类食物中的主要成分之一，人类之所以能利用淀粉作为营养物质，是因为我们的消化液中含有淀粉酶，它专门水解淀粉，使它们变成小分子的糖类，被人体吸收利用。但人体不能产生纤维素酶，因而不能消化草中的纤维素，牛羊等草食性动物本身也奈何不了它。可是牛和羊等草食性动物以食草为生，这又是什么缘故呢？这要归功于微生物。

原来牛羊等反刍动物有一个瘤胃，马和兔等动物则有一个特别发达的盲肠。在瘤胃和盲肠中，居住着成千上万的微生物，其中细菌最多。细菌中多数为无芽孢的厌氧菌，如纤维素分解菌能分泌纤维素酶，用来分解纤维素；

半纤维素分解菌能利用半纤维素；淀粉分解菌能将淀粉分解形成麦芽糖、葡萄糖，这些糖类对纤维素分解菌等其他菌的生长有利。因此，瘤胃和盲肠中的微生物分泌的纤维素酶，将牛羊吃进的草慢慢地转变成可以吸收利用的糖分。这一方面使微生物可以从胃肠中摄取营养物质，得以生长繁殖，满足了自身的需要；另一方面又供应了牛羊营养物质。牛羊和这些微生物互利互助、和睦相处地生活在一起，形成共生关系。因而牛儿能吃草，其实是它胃里的微生物"吃草"、它吃糖罢了。

人们弄清了牛儿为什么能吃草的奥秘，就想利用纤维素酶的非凡本领来为人类造福。因为纤维素是大自然中很丰富的一种资源，各种花草树木的茎、叶主要成分就是纤维素。据估计，地球上的所有绿色植物通过光合作用一年生产的纤维素可达1000亿吨之多，而且每年不断地更新补充。而我们人类仅在建筑、造纸、燃料等方面利用其中的极少部分，大部分都当作废物丢弃了，它们在自然界中自生自灭。随着当今世界人口激增、耕地减少，粮食和能源问题越来越成为亟待解决的全球性问题。科学家们设想，如果能利用这部分纤维素资源，将为解决粮食问题和能源问题开辟一条广阔的道路。

现在科学家们的研究重点是以纤维素为原料，利用纤维素酶的作用来生产葡萄糖、单细胞蛋白和酒精。许多微生物都能分泌纤维素酶，像真菌中的绿色木霉、康氏木霉以及细

菌、放线菌都能利用纤维素。其实，生产纤维素酶并不是微生物的专利，其他生物如原生动物、昆虫等也能产生纤维素酶。最早发现纤维素酶并不是在微生物中，而是在蜗牛的消化液中。但是微生物在工业化生产中具有快速、简便、高效率、低成本的优点，使它成为发酵生产纤维素酶制剂的主要途径。

● 取之不竭的"地下氮肥厂"

有经验的农民都知道，在贫瘠的土地上种植一般的庄稼是长不好的，但是种豆类作物却往往生长得很旺盛。这是为什么呢？

如果把一棵大豆连根拔起，用水冲去根上的泥土你就会看到，上面除了有像胡须一样的粗粗细细的毛毛根以外，还长着许许多多的小圆疙瘩，形状像瘤子，所以叫根瘤。一提起"瘤"，也许人们会把它与人身上的肿瘤联系在一起，认为是病的一种。其实，大豆根部的根瘤不但不是病，而且对大豆的生长还是十分有益的。如果把根瘤挤破的话，除了流出一些带腥臭味的红水外，似乎看不出它有什么特别之处。但是，把这些汁液放在显微镜下仔细观察，你就会发现其中竟有那么多球形、杆形的微小生命在活动呢！这些小生命就是大名鼎鼎的根瘤菌。

　　根瘤菌在土壤中活动，一旦遇到豆类植物的幼根，就会附着在上面。幼根受刺激后，便产生一些化学物质，软化根细胞的细胞壁，使根弯曲，黏附着的根瘤菌就在弯曲部位大量繁殖。根细胞对根瘤菌这个入侵者也采取了一系列防范措施，为了防止根瘤菌漫无边际地发展，根细胞就在根瘤菌的周围加速分裂繁殖，生成大量的新细胞，将根瘤菌团团包围起来，于是形成臃肿的根瘤。这时，根瘤菌便在根瘤中安营扎寨了。

　　根瘤菌和豆类植物可谓一对亲密无间的好朋友。豆类植物的叶子能进行光合作用，制造有机养料，并通过茎不断地运输到根部。根瘤菌就在根瘤这个舒适的"房子"里，享用着植物供给的营养美餐来生长繁殖；当然，根瘤菌也不会只贪图安逸、不劳而获，它会投桃报李地报答主人的。因为，根瘤菌有一种高超的本领——固氮作用。

　　庄稼生长离不开氮肥，氮是组成生物体蛋白质的主要元素之一。一般植物只能利用土壤中的含氮无机盐，如硫酸铵、硝酸铵、尿素等等。实际上，地球表面的大气就是一个庞大的氮源库，氮气约占空气的78％。可是，植物不能直接吸收这些氮气，只好望氮兴叹。而根瘤菌的细胞却能把空气中游离的氮固定下来，转变成含氮的无机盐，供给植物利用，这就是固氮作用。根瘤菌之所以有特殊的固氮作用，是因为它能分泌一种奇妙的物质——固氮酶，在固氮酶的催化作用下，使固氮作用得以实现。一个小小的根瘤像一个微型

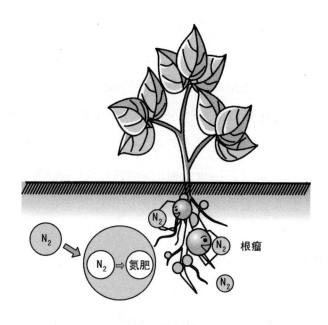

根瘤

根瘤菌的固氮作用

氮肥厂一样，源源不断地供给植物氮肥，使它们长得枝繁叶茂，欣欣向荣。就这样，根瘤菌依赖植物提供的有机养料生活，同时又通过固氮作用供给植物所需要的氮肥，建立起和睦共处、互通有无的共生关系。研究表明，根瘤菌固定的氮可供大豆一生需氮量的1／2～3／4。

根瘤菌生产的氮肥不仅可满足豆类植物的需要，还能分出一些来帮助"远亲近邻"。我们劳动人民很早就知道利用微生物的固氮作用来提高土壤肥效，用豆粮间作、瓜类和豆类轮作种植来提高产量，并且有"种豆肥田"的习惯。

除根瘤菌有固氮作用外，土壤中还有许多微生物具有固氮能力，如光合细菌中的红螺菌和藻类中的固氮蓝藻等，这些固氮微生物构成了土壤中取之不竭的"地下氮肥厂"。现在，全世界每年大约需要1.75亿吨氮肥，而人工合成氮肥的能力是有限的，全世界所有的合成氮肥的工厂的年生产能力也只有0.4亿吨左右，远远满足不了日益增长的对氮肥的需求。利用固氮微生物这个庞大的"地下氮肥厂"，可以大大补充氮肥的来源。而且微生物固氮，不会像人工固氮那样需要投入大量资金建工厂，消耗许多能源和产生许多污染物，它们固氮只需在常温常压条件下就能进行，既廉价又方便，具有广阔的发展前景。

● 大自然的清洁工

朋友，不知你注意过没有，在秋风瑟瑟的时节，树叶纷纷扬扬落下，覆盖了大地；动物和人每天要排出许多粪便；地球上每时每刻有大量的植物、动物和人死亡；人类在生活中不断地扔掉一包包的垃圾：废纸、烂菜、果皮……请你想象一下，假如从地球上有了生物到现在，那么多的尸体、粪便和垃圾一直存在着，地球将会变成什么样子呢？整个大地不仅要被枯枝落叶和动物的尸体、粪便以及生活垃圾严严实实地覆盖，而且总有一天，无机自然环境中的营养物质将会枯竭。但事实上，这种情景并没有出现，这要归功于大自然

中的清洁工——微生物的辛勤劳动。

在地球上，栖息着各种各样的生物：树木、花草、虫鱼、鸟兽……它们与地球共同构成了一个巨大的生态系统——生物圈。一片森林、草原，一个湖泊、池塘，都可以构成一个生态系统。任何一个生态系统都包括非生物的物质和能量、生产者、消费者和分解者四种成分。

在生物圈中，各种绿色植物和自养微生物充当着生产者的角色，它们能不断地从自然环境中摄取无机物，通过光合作用或化能合成作用合成有机物，使大自然中的无机物转化为有机物输入到生物界。生物圈中的各种动物则是有机物的消费者，必须要吃现成的有机物，它们的食物直接或间接地来自生产者合成的有机物。这样，有机物就以糖类、蛋白质、脂类、核酸等有机形式沿着食物链传递。当各种生物死亡以后，尸体又返回大地。但尸体中的有机物是如何回到无机环境中的呢？这就需要小小的微生物大显身手了。

土壤中和动植物体上都含有各种营腐生生活的细菌、放线菌和真菌，它们专门靠分解动植物的遗体、粪便为生，把遗体、粪便中的有机物分解为无机物回归大自然，这些腐生微生物称为生态系统的分解者。对于淀粉、纤维素类多糖，微生物利用细胞中所含的各种酶，先把它们水解成葡萄糖；然后，葡萄糖又在各种酶的作用下，被分解为乳酸、乙酸、酒精、甲醇、甲烷等小分子有机物；此后，这些中间产物再被进一步氧化分解成二氧化碳和水，

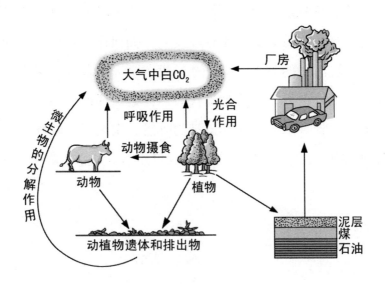

生物圈中碳的循环过程

释放回大气和土壤中。对于蛋白质等含氮有机物，则在微生物细胞中的蛋白水解酶的作用下，被降解成肽类和氨基酸等，氨基酸再通过脱氨基作用和脱羧基作用被分解成胺、糖类及氨气，并进一步分解变成硝酸、二氧化碳和水等。土壤中有些微生物能把硝酸盐进行转化，还原成氮气又回到大气中。

可见，微生物是沟通生物圈中无机界和有机界的桥梁，使物质从生物界返回无机界。通过微生物的分解作用，不仅环境得到了净化，而且使生物圈中的物质得以周而复始地循环，形成了完整的生物地球化学循环，从而保证了地球这个物质资源有限的星球上的生命体生息繁衍、代代相续。

　　环境问题是全世界面临的一个十分严峻的问题，环境污染直接危害着人类的生存和发展。如何保护环境，消除造成环境污染的因素，给子孙后代留下一个蓝天、碧水、绿地的美好世界，已成为当代人们普遍关注的话题。在人类千方百计寻求保护环境良策的时候，别忘了，默默无闻的微生物早已先行一步，为净化大自然立下了汗马功劳。

六、让有害微生物无处藏身

● 传染病引发的大灾难

在漫漫的历史长卷中，传染病的流行曾是人类痛苦的一页。曾几何时，瘟疫与灭顶之灾、恐怖、死亡等可怕的字眼紧密联系在一起，一次次地把人类推向灭绝的边缘，传染病无时无刻不在威胁着人类的健康和生命。人类在与传染病长期不懈的斗争中逐步认识到，传染病的元凶原来就是微生物"小人国"中的一员——病原微生物。

医学上把传染性很强、病死率极高、往往酿成大流行的传染病称为烈性传染病。这类传染病包括天花、霍乱和鼠疫。我国把烈性传染病法定为甲类传染病。由于天花在全世界已基本上被消灭，所以我国确定的甲类传染病只包括霍乱和鼠疫。乙类传染病对人类的危害也比较严重，这类病有病毒性肝炎、痢疾、艾滋病、伤寒、脊髓灰质炎、麻疹、狂犬

病、白喉、百日咳、疟疾等。丙类传染病有肺结核、血吸虫病和流行性感冒等。

霍乱是由霍乱弧菌引起的急性、烈性肠道传染病，这种传染病发病急，流行快，患者剧烈腹泻、呕吐，严重者往往因过度虚弱、循环衰竭、休克、尿毒症和酸中毒而死亡。历史上共有过7次全球性霍乱大流行，前6次发生在1817~1923年，第7次全球性大流行开始于1960年，至今仍在持续，并波及我国东南沿海地区。然而，自1992年10月以来，在印度和孟加拉国先后发生了霍乱样疾病的严重流行。经专家们研究证实，这种病是由一种新型的霍乱弧菌引起的0139霍乱。自0139霍乱在印度出现以来，该病已波及泰国、中国、马来西亚、缅甸等周边邻国，美、欧一些国家也有病例报告，构成了跨越国界、洲界的世界性大流行。专家们提醒，如果这种新型的霍乱弧菌成为今后霍乱流行的主要病原菌的话，它将预示着第8次全球性霍乱大流行已经开始。

霍乱曾夺去过千百万人的生命，但与鼠疫相比，则是小巫见大巫了。

鼠疫又叫黑死病，它是由鼠疫杆菌所引起的一种古老的烈性传染病。我国远在2000多年前就有记载。鼠疫病人全身发黑，眼睛凸出睁大，最后在痛苦与绝望中死去。鼠疫的病死率高达50％以上，历史上鼠疫的大流行曾使罗马帝国人口死亡过半。14世纪的第二次鼠疫大流行使欧洲死亡2500万人，占欧洲总人口的1／4，中国的病死人数达1300万之多。

18世纪，鼠疫再次大流行，我国云南等地的人们生活在一片恐怖之中，当时流传着"东死鼠，西死鼠，人见死鼠如见虎，鼠死不几日，人死如坼堵……人死满地人烟倒，人骨渐被风吹老，田禾无人收……"的悲歌。更令人担忧的是，在鼠疫几乎绝迹的1994年，肆虐印度的鼠疫再一次给全世界的人们敲响了警钟。在两周之内，印度苏拉特市的鼠疫病人达4780人，每天都有死人的噩耗传出。此次鼠疫大流行使印度蒙受了巨大的经济损失，仅用于治疗、预防鼠疫的费用就达几百亿美元，其他方面损失达10亿美元。在人类即将进入21世纪时，鼠疫并没有退避三舍，又耀武扬威地卷土重来，人类决不可掉以轻心！

如果说，现在人们对霍乱和鼠疫比较少见的话，流行性感冒的流行则是人们有目共睹的。

流行性感冒，简称流感。大家对它再熟悉不过了。流感也是一种全球性的传染病，几乎人人都曾蒙受其害。在世界上流感可谓久流不衰，迄今在世界上流行已有数百次，每年都有一段时间流行。有详细记载的世界大流行有4次，每次都有上亿人感染，几千万人死亡。在1918～1919年间的那次大流行遍布世界各地，发病人数达5亿多，死亡2000万人。流感的流行面积之广，流行频率之快，对人类的危害之大，都是其他传染病所不及的。由于尚无特效方法预防和治疗，该病至今仍是威胁人类健康的常见疾病。

除了霍乱、鼠疫和流感外，还有许多传染病也曾引起

世界性恐慌，使多少人难逃厄运，如天花、白喉、病毒性肝炎、肺结核等。

千百年来，传染病在世界各地潮起潮落，层出不穷。今天，由于各种原因的综合影响，一些已被控制的传染病如肺结核、霍乱、百日咳、疟疾等又有死灰复燃的趋势，重新对人类构成了威胁。而且还有一系列新的传染病相继出现或被发现，被称为20世纪超级癌症的艾滋病，是1981年才首次发现的，它也属传染病之列。人类要战胜瘟疫，仍然任重而道远。

● 流感缘何久流不衰

说起病毒，令人不寒而栗。千百年来，人类一直遭受着这个恐怖分子的折磨。尽管人类在寻求各种途径来征服它，并且已经战胜了天花病毒，也将要战胜引起小儿麻痹症的脊髓灰质炎病毒，但许多病毒仍在负隅顽抗。更令人担忧的是，一些过去从未在世界发生过的传染病也陆续出现，它们大多是由病毒引起的。

危害广泛而又最普通的病毒，就是引起流行性感冒的流感病毒。流感暴发时，几乎人人在劫难逃。病人流鼻涕、发冷、头痛、全身疼痛、体温升高，并且还会引发肾炎、肺炎等其他疾病，一些老人、儿童和体弱的人，甚至由于感冒引起肺炎而死亡。

20世纪，在世界范围内出现过多次流感大流行。第一次世界大战结束时，流感席卷全世界，死于流感的人比战争中死亡的人还多。1957年，两周内流感就肆虐所有亚洲国家，并迅速蔓延到世界各大洲。这一年，全世界共有15亿人得了流感，数以万计的老人和儿童死亡。

为什么流感会在全世界久流不衰呢？这与流感病毒的易变特性有着密切的关系。科学家们研究发现，流感病毒的主要成分是核糖核酸（RNA）和蛋白质。它的结构有点儿像一个齿轮，内部是由RNA和核蛋白结合形成的核糖核蛋白，外面有膜蛋白和包膜包围着，在包膜的表面还有多个血凝素（HA）和神经氨酸酶（NA）交错排列，它们的化学性质都属于糖蛋白。

流感病毒的核糖核蛋白的特性稳定，很少发生变异。根据核糖核蛋白的特性，可以把流感病毒分为甲（A）、乙（B）、丙（C）三型。位于病毒表面的HA和NA的特性容易发生变异，尤其是甲型流感病毒的HA和NA，它们既可以同时发生变异，又可各自发生变异，因而甲型流感病毒又分为多个亚型。

几十年来，流感病毒大约每10年就会发生一次大的改变。在20世纪30年代流行的是原甲型流感病毒，到了40年代至50年代就变为亚甲型病毒，1957年席卷全球的是亚洲型流感病毒，1968年从中国香港开始横扫世界的是香港型流感病毒，而1973年在澳大利亚和新西兰又出现了澳大利亚型流感

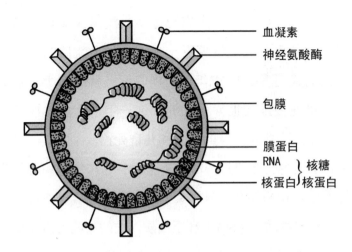

血凝素
神经氨酸酶
包膜
膜蛋白
RNA
核糖
核蛋白
核蛋白

流感病毒的结构示意图

病毒。谁也说不清楚，下一个新型的流感病毒什么时候再出现，向人类发起再一次进攻。

为了预防流感，每一次流感大流行时，科学家们马上就开始新的研究，想方设法研制对付这种流感病毒的疫苗。但即使制备疫苗的速度很快，到推广应用时，也有可能流行已过、为时已晚，或者流行的又是另一种新型的流感病毒了。流感病毒的易变特性使人们防不胜防，这就是流感在全世界久流不衰的根本原因。

当然，我们在变化莫测的流感病毒面前也不能等闲视之。你是否想过，为什么每次流感流行时总有一些人能与之抗衡、安然无恙呢？奥妙就在于他们经常参加体育运动，增强体质，提高自身的免疫力。只有这样，才能以不变应万变，在与病毒的斗争中立于不败之地！

● 白色瘟疫

你了解病毒性肝炎吗？顾名思义，病毒性肝炎的罪魁祸首是病毒。肝炎病毒数得上是散布范围最广、危害人类最严重的病毒了。

肝炎病毒有多种类型，因而它引起的肝炎也分许多型。常见的有甲、乙、丙、丁、戊几种类型，而以乙型肝炎最为严重。

甲型肝炎是急性肝炎，它是通过食物和饮水传染的。甲型肝炎病毒在水中可以存活几个月，如果病人的粪便污染了食物和水源，而人们又不注意饮食卫生，吃了被污染的食物或水源，就可能传染上甲肝，与甲肝病人的接触也很容易传染上甲肝。1988年我国最大的城市上海一带曾流行甲型肝炎，主要就是由于水源遭到污染，进而污染了水生的毛蚶，当地人们又有只用开水稍微烫一下毛蚶就吃的习惯，从而引起了甲肝的爆发。

得了甲型肝炎的病人，皮肤和眼白发黄、发烧、厌食、浑身无力。经过及时治疗，一般也要1～2个月才能痊愈，但严重时也会造成死亡。

乙型肝炎的危害更加严重。1963年，美国医学家首次在

丁型肝炎病毒结构示意图

澳大利亚土著人的血液中发现了乙肝病毒。乙肝病毒的直径只有42纳米，只要有1／1000微升受乙肝病毒污染的血液，就足以把病传染给另一个人，而这一点儿血液，用肉眼是根本看不到的。乙型肝炎病毒非常顽固，在60摄氏度的热水中煮6小时才能把它杀死；把乙肝病毒放在冰箱冷冻室中保存，可以存活20年。

乙型肝炎通过血液和唾液等进行传播，而且传染力特别强。乙肝病毒是在肝脏细胞中慢慢地完成它的破坏作用，从而引起慢性肝炎，严重时会发展为肝硬化，甚至肝癌。

1983年，世界卫生组织指出，80%的肝癌是由乙肝病毒引起的。每年有200万病毒携带者死于乙肝病毒引起的肝硬

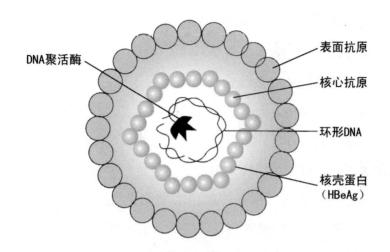

DNA聚活酶

表面抗原

核心抗原

环形DNA

核壳蛋白
（HBeAg）

乙型肝炎病毒结构示意图

化或原发性肝癌。在我国，约有1／10的人口为乙肝病毒携带者，每年因乙肝病毒引起肝病而死亡的人数达30万人。尤为严重的是，携带乙肝病毒的母亲，约40％可直接通过母婴途径传给婴儿，使婴儿一出生就成了无辜的受害者。乙肝已成为危及人类的又一个白色瘟疫了。

● 现代超级癌症

艾滋病——现在几乎尽人皆知。但当年发现艾滋病时，还经历了一番周折呢！

那是在1981年，从6月起，美国亚特兰大市的疾病中心陆续收到一些关于特殊疾病的报告，其中有几例是患卡氏肺

囊虫型肺炎的同性恋患者，而有的是患一种罕见的皮肤肉瘤的年轻人。这些病人虽表现不同的症状，但相同的一点是，都伴有严重的免疫系统抑制。到1981年底，已发现252个这类病人了。这些人大多是年轻的性混乱者，有些是通过静脉注射毒品的吸毒者。按以往经验，这些病症本来不可能在正常健康的、特别是年轻人中发生。这是一种不正常的现象！它马上引起了美国疾病控制中心和全世界医学界的极大关注，科学家们立即投入到紧张的研究工作中。

科学家们首先搞清楚了，这类病人体内的某些淋巴细胞受到了严重的破坏，而这些淋巴细胞是人体抵御细菌和病毒等外来入侵者的武器，所以这些淋巴细胞的破坏，使人体免疫功能受到了严重损害。因此，1982年9月，疾病控制中心正式将该病命名为"获得性免疫缺陷综合征"，简称AIDS，按译音称为艾滋病。这件事向全人类昭示：一种新的传染病发生了！

1983年，科学家们终于搞清楚，艾滋病是一种病毒性传染病，并从一个患者的淋巴细胞中分离出了它的元凶——艾滋病病毒。1986年国际病毒分类委员会统一命名该病毒为人免疫缺陷病毒，简称HIV。

当艾滋病病毒进入人体的血液或淋巴以后，它们攻击的目标是某些淋巴细胞。它们进入细胞内，利用细胞内的营养物质进行复制繁殖。于是淋巴细胞这个人体的健康卫士，不但丧失了战斗力，反而成了艾滋病病毒的制造厂，使病毒迅

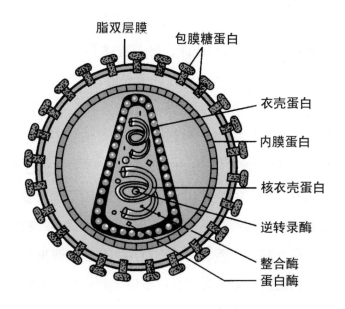

脂双层膜

包膜糖蛋白

衣壳蛋白

内膜蛋白

核衣壳蛋白

逆转录酶

整合酶

蛋白酶

艾滋病毒的结构示意图

速散布到全身，破坏各处的淋巴细胞，使人体再也没有什么抵抗力了。结果，人体的防御堡垒不攻自破，外界的各种病菌、病毒等病原微生物便乘虚而入了。

艾滋病人在发病初期，表现为持续性不明原因的发烧，夜间盗汗，食欲不振，精神疲乏，全身淋巴结肿大等；以后会出现肝、脾肿大，并发生恶性肿瘤、肺囊虫性肺炎及皮肤肉瘤等，表现为身体极度消瘦，腹泻便血，中枢神经系统麻木，最后痛苦地死去。艾滋病患者的死亡率极高，发病一年的死亡率为50％，三年内的为75％，五年左右的为90％。

艾滋病的传染性极强。从1981年6月美国报告发现第一例艾滋病病人起至1988年1月，短短的六年半左右时间，它

就以惊人的传播速度蔓延到世界的各个角落，那时艾滋病已传染到了世界123个国家和地区，患者超过了6万人。专家们最新统计表明，截止到1998年底，世界近200个国家和地区艾滋病病毒感染者人数已达4710万，而且其发展重点已由美洲向非洲渐向亚洲转移。我国的艾滋病疫情也不容乐观，截止到1998年11月底，全国的艾滋病病毒感染者超过30万人，估计到2010年可能超过1000万人。从全国范围来看，自1994年以来，艾滋病病毒感染者累计报告人数最多的省份是云南，其次是新疆、广西、河南、四川、广东。而据专家估计，艾滋病病毒的实际感染者是已报告人数的10～20倍。艾滋病病毒正以雪崩之势扑向人类，成为新出现的毁灭人类的又一大杀手。

艾滋病病毒像瘟疫一样正在吞噬着人类的生命。据估计，自1981年以来，全球至少有30万人死于艾滋病。在美国，已有13.6万人患病，其中8.3万人已经死亡，这比美国在越南战争和朝鲜战争中美军死亡的总人数还要多。艾滋病不仅吞噬着青壮年一代的生命，更可怕的是，它还威胁着人类的下一代。因为在艾滋病病毒感染者中占很大比例的是育龄妇女，她们通过母婴途径可以把艾滋病病毒传给胎儿，使全球新生儿受艾滋病病毒感染者的人数达到20万之多。这意味着他们一降生人世，就被判处了"死刑"。多么残酷的事实！

艾滋病患者和病毒携带者的血液、精液、唾液、泪液、乳汁和尿液中，都含有艾滋病病毒。这种病毒主要是通过同性恋的性接触、异性滥交，使用被污染的血液、血液制品和注射器以及母婴途径来传染的。

艾滋病正在威胁着地球上每一个公民。为了唤起全人类对艾滋病的忧患意识，为在全球范围内防范和消灭艾滋病，使每一个人都尽一份自己的责任，世界卫生组织规定，从1988年起，每年的12月1日为"世界艾滋病日"。

● 人体是如何防御侵害的

人体从一降生到这个世界上，每时每刻都处在病原微生物的重重包围之中：病菌、病毒、寄生虫卵……它们几乎无孔不入，可以通过消化道、呼吸道和皮肤伤口随时侵入人体。但通常情况下，人并不会总在得病。这是为什么呢？原来人体有抵御外来入侵者的防御设施和武器，它们筑成了人体牢固的"长城"。

首先，人体的皮肤构成了机体的第一道屏障。皮肤分为表皮和真皮两层，表皮由许多层上皮细胞构成，它们密密麻麻的，排列非常紧密，细胞之间的物质也很少，可以防止微生物入侵。皮肤呈弱酸性，皮肤中的皮脂腺能分泌皮脂，这些都对微生物有杀灭和清除作用。

其次，人体所有直接与外界相通的管腔，都有防御设施。拿消化道来说吧，唾液中有溶菌酶等物质，可以溶解细菌，具

有杀菌作用；扁桃体守卫着咽喉要塞，是淋巴器官，可以吞噬细菌，具有截拦细菌的作用；胃分泌胃酸，能抑制和杀灭进到胃内的细菌；胰腺分泌的胰液、小肠腺分泌的肠液也有一定的杀菌作用。我们再来看看呼吸道，鼻腔中有鼻毛，有阻挡异物进入气管的作用，鼻黏膜分泌黏液也有附着灰尘异物的作用；在气管黏膜上皮细胞上有密密的纤毛，它们好像一层软软的毛刷，可以捕获灰尘异物，并通过摆动向外推送，使这些异物随着咳嗽、打喷嚏以吐痰的方式排出体外。

人体的皮肤、黏膜只具初级防御功能，万一病菌冲过了人体的第一道防线，进入到体内，体内仍有第二道、第三道防线，使它们不能进入重要器官。如脑部有"血脑屏障"，能够阻止血液中的某些毒素、细菌侵入到脑组织中；肝脏号称人体的化工厂，可以通过化学变化把有毒物质变为无毒物质，起着解毒作用；体内还有许多细胞具有吞噬作用，像血液、骨髓、肝、脾、淋巴结等组织器官中的白细胞、淋巴细胞、吞噬细胞，它们是人体的卫士，能把侵入体内的细菌吞噬、消化掉。当你不小心扎破了手，伤口处会发炎、化脓，就是那些健康卫士在与病菌作斗争。

人体的以上这些防御设施是通过遗传获得的，人一生下来就有，而且人人都有，它的作用是针对多数病原微生物而不是针对某一种特异的病原微生物，所以称为非特异性免疫或天然免疫。其实，人体内还有一套完善的、非常重要的防御机构，这就是专门对付某种入侵者的免疫系统。

人体内存在着由淋巴管、淋巴组织和淋巴器官（淋巴结、胸腺、脾脏、扁桃体和骨髓等）组成的淋巴系统。淋巴系统产生各种淋巴细胞，其中主要有T淋巴细胞、B淋巴细胞和巨噬细胞等，统称为免疫细胞，它们是保护人体健康的卫士。那么，这些免疫细胞是怎样发挥免疫功能的呢？

原来T淋巴细胞和B淋巴细胞有识别"自己"和"异己"的本领。对自己的成分能够接受和容纳，而对"异己分子"则要排斥。能引起免疫反应的这些异己分子，我们称之为抗原。常见的抗原如细菌、病毒、异体的大分子以及人工接种的疫苗、菌苗等。

当某种病菌侵入人体后，其作为抗原可以刺激人体内的免疫系统发生一系列的应答反应。T细胞和B细胞接受抗原刺激后，就会大量繁殖和分化，做好临战准备，并"记住"了这种抗原，人体也就获得了对这种病原体的"免疫力"。当它们再次受到相同抗原的刺激时，就产生多种能杀灭这种病菌的秘密武器——淋巴因子或抗体，人体依靠这些秘密武器毫不留情地把病菌杀死。由于这种免疫功能是在人体出生以后，通过与病原微生物作斗争而获得的一种免疫，它是针对某一特定抗原的，就好比一把钥匙廾一把锁的关系，具有特异性，所以叫作特异性免疫或获得性免疫。抗体也叫免疫球蛋白，可以在体内存在好长时间，甚至一辈子。对于特异性免疫，人们很早就观察到了。有许多种病如天花、麻疹、伤寒等，人只要得过一次，就不会再得了。儿童打预防针、吃

糖丸，就是为了促使人体对相应的疾病获得免疫力。

虽然人体有强大的防御能力，但毕竟是有一定限度的。我们应百倍珍惜这些防御设施，要按时打预防针，保持良好的卫生习惯，坚持锻炼身体，去积极完善和发展自身的防御功能。面对许许多多的有害因素，人体有限的防御设施也有"马失前蹄"的时候。但是，在多数情况下，人体的防御机构能有效地防止外来的侵害，有效地保证人的健康。那些终年无病、体魄健壮、甚至年过百岁的人，不就是很好的证明吗？

● 一场看不见的"战斗"

当你不小心擦破了手，如果没有及时洗干净并涂上消毒药水，不久就会发红、肿胀、发热、疼痛，出现一个小脓点，甚至形成大脓肿。实际上，这只是一些表面现象。这时，在伤口处正发生着一场激烈的、看不见的"战斗"呢！

我们每个人的皮肤上都有许多的细菌和其他一些微生物生活着。平时，皮肤——这个人体的第一道屏障阻挡着病菌的侵入，使人体能平安无事。但当皮肤不慎破损时，这就等于为病菌进入人体打开了大门，这些病菌便会趁机侵入伤口，在里面繁殖生长。在这些入侵者中，最出名、对人体危害也最大的一员名叫金黄色葡萄球菌。这种菌进入伤口以后，繁殖很快，并且释放出一种酶来消化人体皮下组织，给自己提供养料。与此同时，我们的身体也不会等闲视之，会立刻做出反应，调集"部队"前来应战，抵抗金黄色葡萄球菌的入侵。在这场战斗中首当其冲的勇士当数我们的白细胞。

白细胞是血液中的一种成分，它具有吞噬病菌的能力。当金黄色葡萄球菌侵入人体后，血液中的白细胞数量迅速增加，并纷纷游出血管，向入侵的"敌人"冲去。遇到病菌时，便把它们"吃"掉，同时释放出一些酶来消化掉那些已被病菌破坏的组织，以便日后"重新建设"。在白细胞勇敢战斗的时候，身体调节体温的"司令部"发布指令，使体温升高，这会抑制和影响病菌的繁殖生长，甚至可以杀死它们。这时，化验血液，会发现白细胞增多；测量体温，发现体温也会增高；受伤部位由于血管充血，流向受伤部位的血液较多，因而看上去发红；由血管游出的白细胞增多加上渗

健康卫士白细胞正在应战病菌

出的体液也增多，使局部出现肿胀，进而压迫皮肤中的神经末梢而产生疼痛感；在战斗中病菌和白细胞都释放了大量的化学"武器"，因而产生的热量很多，伤口周围摸上去发热；以上这些因素加在一起使人体感到很不舒适，因而受伤部位的活动受到影响。这便造成了化脓性炎症的五大特征：红、肿、热、痛、功能障碍。

如果从伤口处取出一点儿脓液，放在显微镜下观察，可以发现大量的金黄色葡萄球菌和白细胞。还可以发现有些白细胞已经破裂，有些白细胞里面含有"吃"进去的细菌，这些白细胞叫作脓细胞或脓球。它们为了保护人体健康，壮烈"牺牲"了。

为了做到万无一失，保证人体在与病菌的这场战斗中胜利，一旦我们不小心，皮肤受伤出血时，首先应立即洗净受伤处，同时也不能只靠我们的白细胞孤军作战，要及时调动增援部队——消毒药品。现在常用的消毒药品有70%酒精、碘酒、消炎粉、创可贴等。严重时还要去医院，医生会用注射器把里面的脓液吸出来，再注射一些消炎药进去。如果发展成大脓包，就得开刀了。医生用手术刀把脓肿切开，把里面的脓液排出来，然后敷上消炎药用纱布包扎好，并要定时换药，直至彻底愈合、结痂为止。必要时医生还会让服些消炎药或注射抗生素。

● 防疫抗病三要素

传染病是人体健康的大敌，曾夺去过千千万万人的生命，给人类造成了巨大的灾难。那么，如何预防传染病呢？要想征服它，首先要认识它，这样才能知己知彼，百战百胜。

传染病是由各种病原微生物如病毒、细菌、真菌、寄生虫等所引起的感染性疾病。病原微生物也叫病原体，没有病原体的疾病不是传染病。人类有许多疾病是由于环境中有害因素或遗传因素造成的某个器官的失常，如冠心病、色盲、矽肺病等，这些疾病并不能传染，它们就不能叫作传染病。

因此，传染病的另一个典型特征就是具有传染性。生活中经常见到这样的现象：一个人得了红眼病，没几天全家人就都成了红眼病人；班里一个学生得了流感，可能引起班上好多人打喷嚏、流鼻涕……这就是传染病的传染性。传染性是因为病原体能够繁殖并从一个人传播到另一个人的缘故。传染病还具有流行性的特点，因为病原微生物都有高速繁殖的特点，使患者一传十、十传百，在一定条件下，由点向面、由局部向整体迅速蔓延，引起大面积的泛滥，甚至世界性的大流行。传染病的传染和流行需具备三个环节：传染源、传播途径和易感者。

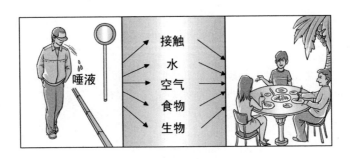

传染病的传播过程

传染病传染和流行的首要条件是传染源。传染源是指体内有病原体生存、繁殖并能将病原体排出体外的人和动物。传染病患者是重要的传染源；有些人本身没有患病，但体内携带病原体，叫作病原携带者，病原携带者也能传播病原体，也是不可忽视的传染源；受感染的动物如老鼠、家畜、家禽等也是传染源。

传染病传染和流行的第二个环节是传播途径。传播途径就是病原体从传染源体内排出后，经过一定的方式到达并侵入其他易感者所经过的道路。一般来说有空气传播、水传播、饮食传播、虫媒传播、接触传播、土壤传播等途径。

传染病最终传染到人还必须具有第三个环节，那就是易感者或易感人群，即那些对某种传染病缺乏免疫力而容易受到感染的人们。婴幼儿、老人和体质弱的人往往容易被传染。

针对传染病流行的三个环节，可以采取相应的措施来预防传染病。首先要限制和减少传染源，发现传染病患者，及时隔离和治疗。其次是切断传播途径，要养成良好的卫生习惯，饭前便后洗手，不随地吐痰，注意饮食卫生，大力消灭蚊蝇等昆虫。最后应保护易感者，行之有效的措施就是实行计划免疫，对不同年龄的婴幼儿和儿童适时进行预防接种。

● "眼不见为净"吗

过去有句俗语，叫作"眼不见为净"。意思是说，食物上看不见脏东西就是干净，吃吧！果真眼不见为净吗？其实不然。

在我们生活的环境中到处都有微生物。买回的蔬菜、水果表面也滋生着许多微生物，这些微生物我们用肉眼是看不见的，但它们确确实实地存在着。

蔬菜放久了易霉烂，碰伤的水果会生出褐色的软斑，夏天里剩饭剩菜会变馊，馒头、面包时间久了会生出许多各种颜色的斑点，鱼、肉长期存放会发臭，这些都是微生物在作怪。这不仅给人们的生活带来了许多麻烦，而且会造成巨大的经济损失。我国过去多年中，水果和蔬菜在贮藏和运输过程中腐烂率达到20%～25%，每年因此造成的损失达上百亿元。

人吃了被微生物污染的食品是很危险的，严重时会造成食物中毒。肉毒杆菌引起的食物中毒，对人的生命威胁最大。肉毒杆菌是泥土中的一种细菌，它能产生一种毒性极强的毒素，1毫克的毒素能杀死数亿只老鼠，人只要食入0.1微

克的毒素就会死亡。这种毒素在人的胃里24小时也不能被破坏，把它加热到100摄氏度煮10分钟才能够破坏掉。如果肉毒杆菌污染了熟肉、香肠、罐头等食品，人在食用前又没有充分蒸煮，就很容易发生中毒。

金黄色葡萄球菌也极易污染食物，它能分泌一种肠毒素，人吃了被这种细菌污染的食物，2～6小时后，就会表现恶心、呕吐、腹痛和腹泻等中毒症状。

痢疾是比较常见的肠道传染病，它是由痢疾杆菌引起的，痢疾杆菌是通过食物、饮水和苍蝇传播的。产生的毒素可以破坏人的肠壁，引起腹痛、腹泻和便脓、便血等症状。严重时，毒素还会损伤人的神经系统，引起中毒性休克。

再有，鱼、肉、蛋类食品若带有沙门氏菌，能引起伤寒、腹痛和发烧。

不仅细菌给人类带来危险，真菌也会对我们造成严重的后果。吃了发霉的食品，可以引起致命的疾病。现在已经证实，经常在花生、大米、玉米和蔬菜、水果上生长的黄曲霉能产生黄曲霉毒素，能引起急性中毒，还引发胃癌、肝癌等疾病。

我们明白了讲究饮食卫生的道理，再不能认为"眼不见为净"、"不脏不净，吃了没病"了。在日常生活中要做到，饭前便后要洗手；不吃发霉、变味或不新鲜的食品；蔬菜、水果一定要洗净；加工食品时加热要充分；厨房里一定要清洁卫生；购买食品要注意保质期；大力消灭苍蝇等传播致病微生物的害虫等等。总之，微生物无处不在，无时不有，我们要时时设防。

● 美丽杀手

不知你注意到没有，生物界中有一种奇妙的现象，越是披着美丽的外衣，往往越容易对你造成伤害，像带刺的玫瑰、有毒刺的黄蜂、长毒毛的舞毒蛾等。好像大自然在有意捉弄我们，把它们伪装得如此巧妙！实际上，在微生物王国里，也有这样一群美丽的杀手，那就是毒蘑菇。

有的毒蘑菇一眼就能认出来，而有的却与食用菌难以区分，良莠难辨。在长期的实践中，人们积累了许多经验，一般都能把鱼目混珠的毒蘑菇清除出来。民间流传着这样的说法：颜色鲜艳、样子好看的有毒；不生虫、不生蛆的有毒；菌伞顶部粘手或长有瘤状突起的有毒；菌柄上有菌环的有毒；伤后颜色变化的有毒；有腥、辣、苦、臭特殊气味的有毒；煮时使银器、象牙筷、大蒜、米饭变黑的有毒等等。这些说法不无一定道理，但也绝非普遍规律。有一种白毒伞，颜色并不鲜艳，样子十分丑陋，受伤后也不变色，但它的毒性却相当可怕，摄入50克就足以致一个成年人于死地；裂菌毛锈伞、黄丝菌盖的颜色也不鲜艳，菌柄上也无菌环，菌盖无瘤状突起，味道不苦，却含有神经毒素；豹纹毒伞能生蛆

美丽杀手——毒蘑菇

生虫，红鬼笔并无菌环，也照样有毒；而与天麻共生的密环菌虽有菌环，却是食用菌。所以说，不分青红皂白地凭经验办事，人云亦云，是相当危险的。

毒蘑菇毒就毒在它们的身体内含有多种毒素，而一种毒素又常存在于多种蘑菇中。这些毒素还可以随着季节和气候的变化而改变，所以研究起来是非常复杂的。科学家们经过艰苦的探索，基本弄清了这些美丽杀手的行踪。它们对人体的危害可分为四大类。

第一类是肝损害型中毒。这是一类最危险的毒蘑菇中毒，人误食后死亡率可达90％以上，严重的吃后几小时就会死亡。这类毒蘑菇不仅毒性大，而且有一定的迷惑性，最初人们误食后会大吐大泻，之后就像没事一样，身体感觉基本好了，实际上这只是表面现象，称为"假愈期"，此时毒素在这种表面现象掩盖下，正悄悄进入人体的肝脏和肾脏，对人体实行毁灭性的打击。

第二类是引起胃肠炎疾病中毒。这一类中毒要比第一类轻微些，一般不会致人于死地。中毒者主要表现为剧烈恶心、呕吐、腹痛、腹鸣，伴有发热、大量出汗等。一般病情持续时间较短，恢复较快，也不会造成后遗症。

第三类则是引起神经性中毒。这类病人中毒后如同有些精神病人一样，狂欢乱舞，时哭时笑，烦躁不安，头昏眼花，产生幻觉，严重者还会行凶杀人或自杀，行为十分可怕。目前科学家们还没有搞清这类毒蘑菇的毒素成分和中毒过程的来龙去脉。

第四类是溶血型中毒。不同人对这类毒蘑菇的反应很不一样，有的人吃了会又吐又泻，而有的人则安然无恙。这是为什么呢？原来这类毒蘑菇的毒素很不稳定，它的毒性随加工方式的不同而有很大的不同，有的煮着吃或炒着吃便不会中毒，而要是生着吃或放在汤里喝下去，则可能会中毒甚至死亡。

我国的毒蘑菇不下80种，但有剧毒能威胁生命的仅有10种左右。我们要坚持科学的方法，掌握鉴别毒蘑菇的方法，防患于未然。千万不要采摘或尝试不认识的蘑菇，以免发生中毒。

● 人类消灭的第一个物种

1980年5月8日，第33届世界卫生大会在日内瓦万国会议大厅庄严宣告：天花已经在全球消灭。这一庄严宣告意味着

各国从今以后停止种牛痘，人类再也不受天花的威胁了。然而，欣喜之余，我们似乎也不应忘记天花肆虐给人类带来的灾难以及人类战胜这场灾难的历史，不应忘记最早发明预防天花方法的国家是中国。

天花是由天花病毒引起的烈性传染病。人得了天花，会表现严重的病毒血症，皮肤成批依次出现斑疹、丘疹、疱疹、脓疱，最后结痂、脱痂，遗留痘疤。天花传染性很强，病情重，死亡率可高达50％，即使幸存，也会终生留下一张难看的"麻子"脸。

天花曾经是世界上最具毁灭性的瘟疫。在公元前1160年的埃及木乃伊身上，科学家们就发现了类似天花的疤痕。在这3000多年的历史长河里，天花曾有过无数次的大流行，造成了亿万人死亡，几乎无一国家能避免它的侵袭。古罗马曾有过称霸世界的辉煌，而在其灭亡的原因中，天花流行并且无法遏制不能不说是一个重要原因。在中世纪，欧洲人口的1／3死于天花。30多年前，天花还在31个国家流行，每年有1000万～1500万人感染，致使200万人死亡。可见，天花曾给人类带来多么巨大的灾难啊！

人们为了维护自身的健康，消灭天花给人类带来的劫难而进行了长期不懈的努力。据记载，早在8世纪，我国江南民间就开始流传鼻苗种痘法。从16世纪开始，种人痘已在全国推广。种痘术的具体方法包括衣痘法和鼻苗法。所谓衣痘法，就是取天花病人的内衣给未出天花的人穿2～3天。

鼻苗法又分为痘浆法、旱苗法和水苗法。痘浆法是用棉花团蘸天花患者的痘浆，塞入未出天花者鼻腔中。旱苗法是将痊愈期天花患者的痘痂研成细末，用细管吹入未出天花者的鼻腔内。水苗法则是将上述研细的痘痂用水调湿，用棉花团蘸后塞入鼻腔。人痘接种法虽然存在很多缺点，但确实能使部分人产生免疫力而不患天花。17世纪初，我国的人痘接种术传到了俄国、土耳其和日本，后来传到英国和欧洲各国。当然，人类真正征服天花，还应归功于种牛痘。我们已经知道，这个方法是由英国乡村医生琴纳受到中国人痘接种术的启发，在一个有趣的发现中而发明的，至今已有200多年历史了。

我国的人痘接种术比牛痘接种术要早近1000年，其意义不仅是最早发明了预防天花的方法，更重要的是它成为人工免疫法的先驱，在世界医学史上写下了光辉的一页。

自1798年琴纳发明并推广接种牛痘以后，天花的发病率明显降低。世界卫生组织（WHO）成立以来，天花即被列为第一个应该控制的世界性传染病。1958年，第11届世界卫生大会通过了全球开展消灭天花运动的决议。1966年开展了全球性大规模消灭天花的运动，普遍性种痘是预防天花的最好办法。发现可疑或典型患者，立即隔离。因无特效药，所以主要采取缓解症状和营养支持的疗法。对年幼体弱者，可用抗生素防治继发性感染。由于世界各国的努力和国际间合作，1975年，在亚洲消灭了天花；1977年10月26日，索马里

发现世界上最后一例自然界传播的天花后，经过两年的观察，再未发现新的病例。1979年12月9日，在全球消灭天花证实委员会第二次会议上，鉴定证实全球消灭了天花。1980年，我国已取消海关天花检疫，同时国内已不要求普遍种牛痘。同年5月8日，第33届世界卫生大会正式宣布，天花已经在地球上消失，并停止种牛痘。在这之后，为了保证天花不再复燃，国际上许多国家签署了禁止发展、生产和储存生物武器的公约，并对少数保留天花病毒的实验室制定了安全规则和安全操作程序。

为了排除少数人利用实验室保存的天花病毒制造生物武器的可能性，世界卫生组织决定，于1999年6月30日，销毁保存在美国和俄罗斯医学研究中心的天花病毒样本。

天花病毒是人类精心消灭的第一个生物物种。

七、现实与未来

● 病毒是最小的生物吗

我们已经知道，病毒只能生活在活的细胞内，一个细菌细胞中可以生活成百上千甚至更多的病毒。那么，病毒是最小的生物吗？我们最好先不要急于下结论。

当年列文虎克用自制的显微镜第一次看到细菌时是那么的惊讶：世界上竟然有如此小的生物，真是不可思议！后来，人们陆陆续续发现了各种各样的细菌。像葡萄球菌，10亿个堆积起来才有1毫米^3，相当于一个小米粒的大小。

到了19世纪末期，科学家们首先发现了烟草花叶病和牛口蹄疫的病原体特别小，它们可以畅通无阻地穿过细菌所不能穿透的过滤器。于是，把这类病原体取名为滤过性病毒或简称病毒。较小的病毒如鸡瘟病毒只有70～100纳米，流行性乙型脑炎病毒才20～30纳米，人们必须依靠电子显微

镜才能观察到。病毒只含有核酸和蛋白质两种生物大分子。病毒不能在培养基上繁殖，我们可以用化学方法分离提纯得到病毒的结晶体。它像一般的化学药品一样，可以放置任何长短的时间，丝毫不表现生命活动。但是，一旦进入到活细胞里，它们马上就显示出生命的特征。病毒以极高的速度繁殖，可对寄主细胞造成致命的伤害。无怪乎有一时期，人们把病毒视为奇物，认为它们是介于生物界和非生物界之间的边缘。要鉴别一个物体是不是生命，其根本的标准在于其是否具有新陈代谢作用和能否繁殖。因为病毒能繁殖，所以当时人们把病毒看作最简单的生物。

但病毒还不是最小的生物。20世纪70年代，人们发现了一种比病毒更小、结构更简单的生命形式，叫作类病毒。类病毒只相当于最小病毒的1／80。它的身体中连极其重要的蛋白质也没有，只是由一个非常短的核糖核酸（RNA）分子组成，外表没有任何性质的保护壳，整个身体已经相当于没有生命的大分子物质。但研究发现，它与几种植物病害有联系，包括马铃薯纺锤块茎病和菊花的一种矮化病。

最近，科学家们又发现了一种致病物，它甚至比类病毒更小，只含有一种蛋白质，称为朊病毒。科学研究证实，这几年疯狂肆虐英国畜牧业的疯牛病，就是由朊病毒引起的。疯牛病又叫牛海绵状脑病，是一种严重危害牛中枢神经系统的传染性疾病。染上这种病的牛，朊病毒会损害大脑的正常蛋白质，使蛋白质变性，积聚成凝块，把细胞杀死，结果使牛的脑组织逐渐变成海绵状，随着大脑功能的退化，疯牛会神经错乱，行动失控，最终死亡。人食用了被污染的牛肉、牛脑髓和内脏后，也有可能染病，脑部也会变成海绵状，最终因神经错乱而死亡，这叫作克雅氏病。引起疯牛病的朊病毒极难被杀死，在130摄氏度以上的高温下，经两三个小时才能被全部消灭。而欧洲人恰恰喜欢吃半生不熟的牛排，这是很危险的。

科学的发展为探索微生物王国的奥秘打开了方便之门，使人们的视野越来越扩大，对事物的认识越来越深入。也许在不久的将来，科学家们还会发现比类病毒、朊病毒更微小的生物。

● 病毒的新克星

鼠疫、霍乱、流感等传染病曾给人类带来毁灭性的灾难。在人类与传染病的长期不懈斗争道路上，继抗生素、疫苗问世以后，一种新物质的发现，为人类彻底攻克传染病带来了又一转机。这种物质既不是药物，也不是抗体，而是病毒的新克星——干扰素。

事情是这样的，1954年，日本的一位病毒专家首先捕捉到了干扰素的线索，他为了研究病毒与病毒之间相互搏斗的实际情况，做了用牛痘病毒给兔子接种以诱发肿物的实验。结果发现，在肿物的脓液中存在着某种未知的、能抑制病毒增殖的物质。

三年以后，也就是1957年，英国的两位病毒专家在研究中发现，细胞经病毒感染后会产生抗病毒的物质。一次，他们把受流感病毒感染的鸡胚细胞放在培养液中培养，以期获得更多的病毒。培养几天后，他们又用这种已培养过受病毒感染的细胞的培养液，去培养新的鸡胚细胞，然后把新培养的鸡胚细胞进行流感病毒接种。过了几天，发现细胞生长良好，根本没有病毒产生出来，这说明培养液中存在着什么物质能妨碍病毒的复制。他们换了许多其他动物的细胞重复这一实验，都得到了同样的结果。显然，培养液中确实存在抑制病毒增殖的物质。即使用杀死的病毒注射到动物体内，也能产生同样的物质。这种物质究竟是什么呢？经过这两位专家仔细研究和分析，发现这种物质是由活细胞受病毒感染后所产生的一种低分子糖蛋白。他们给它取名叫干扰素，因为它能干扰病毒的复制。

干扰素具有各种不同于抗体的神奇特性。干扰素具有广泛的、非特异性的抗病毒作用，如接种牛痘病毒激发兔子体内产生的干扰素，不仅能抗牛痘病毒，还能抗流感、脑炎等其他任何病毒；然而在免疫时，一种抗体的功能，却只能杀灭激发该种抗体产生的那一种抗原。另外，兔子体内产生的干扰素对其他动物不起作用，所以对人必须用人的干扰素。后来，科学家们还发现，除病毒外，细菌、寄生虫及某些化学物质也能诱导细胞产生干扰素。

干扰素的发现，为人类降伏病毒性传染病带来了曙光。

临床实验表明，干扰素对许多病毒性传染病如流行性感冒、病毒性肝炎、水痘、麻疹等以及成骨肉瘤、淋巴瘤和肺癌等恶性肿瘤都有神奇的疗效。由于它是细胞的产物，对人和动物细胞没有毒副作用，而且见效快，因此可以说干扰素是人类治疗病毒性传染病和一些癌症的灵丹妙药。

但是，干扰素得来却极为不易。45 000毫升的人血中，只能提取0.4克的干扰素。据估计，提取1克纯干扰素至少要花费5000万美元，治疗一位感冒病人的开支就需要几万美元。如此昂贵的价格，绝非一般人能承受得起。

值得庆幸的是，科学家们已初步查清了干扰素的化学组成，以及体内控制合成干扰素的控制基因。他们运用生物工程的方法，把干扰素基因整合到大肠杆菌的核酸中去。这样，大肠杆菌的细胞就变成了制造干扰素的工厂。许多科学工作者正在努力做着这方面的研究，而且已有人成功地培养出了含有干扰素基因的大肠杆菌，并获得了细菌生产的干扰素。相信在不久的将来，干扰素也会像抗生素、疫苗一样普通、廉价。那时，人类降伏许多疑难顽症的时代也就不会遥远了。

● 神奇的能工巧匠

如果有人说"细菌会织布"、"细菌能发电"……恐怕多数人不相信，认为这简直是天方夜谭，甚至有人认为，这

纯粹是在说梦话。其实，科学家们研究发现，细菌果真是微生物王国里的能工巧匠，它不仅会织布、能发电，还会生产塑料、冶炼金属、勘探石油哩！

细菌中的织布能手名叫胶醋酸杆菌。它织布的方法十分特别，既不用棉纱，也不用织布梭子，它是用培养液中的葡萄糖和其他营养作原料。放入选好的菌种，然后调节适宜的温度，于是，细菌就会在这样舒适的环境下迅速繁殖生长，很快在培养液表面巧妙地编织形成厚厚的一层菌膜。如果把这层刚织好的菌膜进行干燥，它的样子酷似一块质地柔软、坚韧、致密的布。

细菌的繁殖速度相当惊人，一个细菌平均每小时可以繁殖1亿个新细菌，每天就可织出3～4厘米长的布来。当老的细菌死去时，新的细菌就会接它的班继续织下去。利用这种方法织出的布可以说是天衣无缝、美妙绝伦。

用细菌织出的布具有特殊的优点，这种布的纤维又长又结实，与棉麻纤维相比有过之而无不及。用这种布制成的衣服既艳丽柔软，又结实耐穿。由于这种布是用肉眼看不见的细菌织布工织成的，所以特别精细致密，用它作滤纸来过滤微细杂质十分理想。尤其最适合做医疗上用的绷带，能促使伤口加快愈合，疗效十分显著。

现在，由于培养细菌要用葡萄糖，所以细菌织布的成本还比较昂贵。将来有朝一日，利用基因工程的方法使蓝藻也能获得织布的本领。蓝藻先利用光能制造出自己需要的养料

我是织布工！

瞧，它们织的布还真是不错的

和葡萄糖，再以此为原料来织出廉价、漂亮的布来，那将引发纺织工业的一场重大革命。

我们再来看看细菌是如何发电的。

科学家们研制成功了一种细菌电池。这种细菌电池是利用细菌的生长繁殖和新陈代谢活动产生的负离子。通常情况下，负离子是只供细菌自己生长用的，但是科学家们在培养液中加入一种特殊物质时，负离子就可以从细菌体上分离出一部分，它聚集到电池的阳极，此时若接上导线，便在阳极和阴极之间产生了电流。美国科学家正在为宇宙飞船设计一个密闭的生态循环系统，其主要组成就是酶细菌电池，它在利用太阳能的光合作用配合下，将宇航员呼出的二氧化碳和排出的粪便重新组合，产生的氧气供人体呼吸，排出的尿也进入细菌电池来产生电力，形成宇宙飞船内的"生态链"。

　　另外，在某些偏远地区供电得不到保障的军事重要科研部门，也可采用这种细菌电池供电。这样不但可以节省财力、人力，而且不会暴露重要机关的目标。

　　此外，在冶金方面，传统的火冶炼法因耗能多、污染重、效率低，将逐渐被淘汰，取而代之的是微生物的浸出法。不久的将来，各种金属的浸出菌种会被发现，它们在金属冶炼中将大显身手。

细菌冶金过程还真像那么回事

　　石油被人们誉为"液体黄金"，是当前能源的骄子，因此如何勘探石油就成为一个极有价值的研究问题了。有些细菌对石油的某些成分有特殊的嗜好，如果这些微量的石油成分有了较多的积累，这些细菌就可以大量繁殖。我们依靠对细菌的观察分析，就可以断定地下是否储藏有石油，这种方法简单易行，再辅助其他勘探方法，综合起来就能提高勘探石油的准确度。

　　看来，小小的细菌的确是无所不能的能工巧匠。

● 基因工程舞台的明星

人类自称是万物之灵，似乎没有什么事情是人做不到的。然而，小小的微生物所具有的许多本领却是人类望尘莫及的。由于微生物的个体微小，代谢类型多，新陈代谢快，繁殖迅速，特别容易变异，因而当仁不让地成了生物工程舞台的主角，而其中最耀眼的两颗明星当数大肠杆菌和噬菌体了。

什么是生物工程呢？简单地说，就是运用生物学原理和方法结合现代工艺进行产品开发与生产的技术。它包括四个主要领域：遗传工程、细胞工程、酶工程和发酵工程，其中的核心是遗传工程。

遗传工程又叫基因工程或基因重组技术。为什么说大肠杆菌是基因工程的明星呢？大肠杆菌属于原核生物，一般生活在人和哺乳动物的肠道内，容易获得，在培养基上能很好地生活。在大肠杆菌细胞内除了有裸露的核物质DNA外，在细胞质中还有一个或几个闭环结构的DNA分子，叫作质粒。质粒上分别带有控制细菌某些特殊遗传性状的基因，如致育性、抗药性等。这些功能对于细菌的生命活动不一定都是必需的，从细胞中消失后，并不影响细菌在正常条件下的生命活动。质粒的这个特性使它在基因工程中派上了大用场。

　　基因工程的主要步骤是，首先把大肠杆菌细胞质内的质粒取出来，用一种叫作限制性内切酶的"分子手术刀"把质粒的环状DNA的某一点切开，用它当作目的基因的运载体；其次一定方法分离得到另一生物的DNA片段，这叫目的基因，也就是我们希望得到的性状的基因；再次用连接酶把目的基因和质粒DNA"焊接"起来，形成重组DNA分子；最后巧妙地把重组DNA分子引入大肠杆菌的细胞中，使大肠杆菌合成出由目的基因控制的物质来。

　　20世纪70年代初期，基因工程的实验首次获得成功，这标志着基因工程的诞生，从此基因工程的研究便进入了突飞猛进的发展阶段。现在，运用基因重组技术，使大肠杆菌制造出了人的生长激素释放抑制因子、胰岛素、干扰素以及流感病毒疫苗和乙肝疫苗等多种药物。大肠杆菌，使蛋白药物的生产进入了一个崭新的时代。

　　那么基因工程舞台的另一颗明星—— 噬菌体又是扮演的什么角色呢？我们知道，噬菌体是专门在细菌中生活的一种病毒。有一类噬菌体侵入细菌体后，快速增殖，并裂解细菌，这种噬菌体叫烈性噬菌体；另一类噬菌体感染细菌后，不但不使细菌破坏，而且能随着细菌细胞一起继续分裂，这种噬菌体叫温和噬菌体。噬菌体还有一个特点，就是具有专一性，一种噬菌体只能在一种细菌中生活，而不能在另一种细菌中生活。λ噬菌体是一种大肠杆菌的温和噬菌体，它也是基因工程中极好的运载体，就是担当着把动物的基因搬运

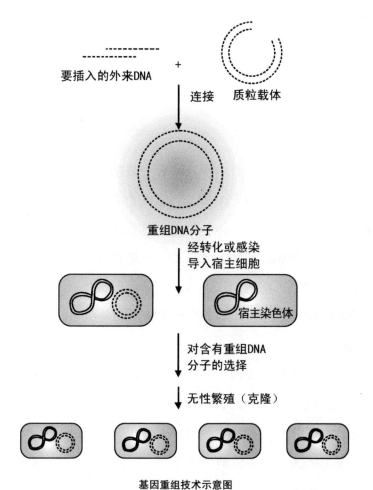

要插入的外来DNA ＋

连接 质粒载体

重组DNA分子

经转化或感染
导入宿主细胞

宿主染色体

对含有重组DNA
分子的选择

无性繁殖（克隆）

基因重组技术示意图

进大肠杆菌细胞的搬运工角色。

　　除了大肠杆菌和噬菌体外，已有不少其他微生物陆续进入了基因工程领域，如枯草杆菌、酵母菌、玉米黑粉菌等。随着科学技术的发展，微生物将在基因工程舞台上"尽情地"表现自己。

● 小小生物"制药厂"

俗话说"人吃五谷杂粮，哪有不生病的"。有了病，就得吃药、打针、输液……哪一样也离不开药，正所谓药到病除。然而，多少年来，一些得了疑难疾病的人，要么因药过于昂贵而吃不起，要么无药可治，只能祈求苍天显灵，赐予人间灵丹妙药来祛病消灾。在知识经济时代的今天，人们的梦想得以成真，这要归功于小小生物"制药厂"。

过去，临床应用的大多数生化药物都是从生物体的组织、器官、细胞、血液、尿液等处提取的，资源极为有限，产量低，价格高。因此，许多有效的好药普通人无法应用。现在，有了生物工程技术，许多药物已经能用大肠杆菌等微生物发酵来大量而廉价地生产了。

人的脑垂体分泌的生长激素释放抑制因子，简称抑长素，是一种由上千个氨基酸组成的多肽物质，具有广泛的生理作用，能调节机体的生长，对肾炎、糖尿病和急性胰腺炎等都有治疗作用，是一种非常珍贵的药品。由于激素在动物和人体内的含量极少，要获得5毫克这种激素，需要从50万头羊的脑组织中提取，价格之昂贵可想而知。1977年，科学家们运用遗传工程方法，通过分子水平的"手术"和"嫁接"，成功地把人体控制合成这种激素的遗传基因转移到细菌体内，创造出"工程菌"，这好比建成了一座细菌制药厂。在这个小小制药厂里，从细菌发酵液中得到了这种激素，要生产5毫克这种激素药物，只需要9升大肠杆菌的培养液也就够了，价格便宜了许多。人的生长激素释放抑制因子是"细菌制药厂"进行商品化生产的第一个产品。

胰岛素是一种蛋白质激素，它能调节人体内糖类代谢，使血糖维持恒定。如果胰岛素分泌不足，人就会得糖尿病，因而胰岛素也就成了治疗糖尿病的专用药。通常胰岛素是从猪、牛等动物胰腺中提取的，大约8000吨的胰腺才能够获得1千克胰岛素。靠动物胰腺来生产胰岛素药品不仅成本高，而且产量也低，满足不了全世界大约6000万糖尿病人的急需。此外，动物胰岛素与人胰岛素的分子结构也不完全相同，病人长期使用还会引起不良反应。1978年有人首先将人的胰岛素基因转移到大肠杆菌中并得到了表达，用"细菌工厂"生产出了人胰岛素。这不仅降低了成本，产量也得到了迅速增长，而且长期使用也无副作用，开创了运用生物工程方法生产药物的新局面。

被称为神药的干扰素，过去只能从血液中获得，价格极其昂贵。经过人们的艰苦探索实验，现在终于能用大肠杆菌和酵母菌进行生产了，用它治疗一些癌症和病毒性传染病，都获得了良好的效果。

目前已有20多种生物工程药物问世，其中许多已经正

式批准投放市场。像生长激素、前列腺素、性激素、乙肝疫苗、红细胞生成素等，都可以在微生物的生长繁殖过程中不断地生产出来。

● 植物疫苗显神通

生活在祖国大家庭的孩子们是幸福的，从小生命刚刚开始孕育起，就备受呵护和重视。孩子一出生，护士就先给接种卡介苗来预防结核病，以后根据不同月龄、年龄，按计划分别进行预防接种，如卡介苗、小儿麻痹糖丸、百日咳-白喉-破伤风三联针、麻疹疫苗、乙脑疫苗等等。接种的疫苗为什么能预防传染病呢？

疫苗、菌苗都是利用病原微生物经减毒或灭活而制成的，称为生物制品。对于人体来说，它们是异体物质，起着抗原的作用。接种疫苗是为了调动人体免疫系统的功能，产生记忆细胞或相应的抗体，使机体做好迎战病原体的准备。这样，人体就获得了对某种传染病的免疫力，当真的病原体侵袭时，机体的免疫系统就不会仓促应战，而能快速做出免疫应答，把它们彻底歼灭。

通常打预防针所用的疫苗都是动物疫苗，在科学不断发展的今天，预防传染病又有了新招。你听说过吗？吃植物也能接种疫苗。

　　许多孩子怕打针，每次打预防针都免不了哭闹一顿。也许这触发了科学家们的灵感，使他们有了一个新奇的想法：能不能培育出植物疫苗，使孩子们免受皮肉之苦呢？于是，一些科学家开始了这方面的研究。由于马铃薯和西红柿的细胞能自然产生大量的蛋白质，这两种植物理应是培育植物疫苗的最好工具了。

　　科学家们首先利用遗传工程方法将普通的马铃薯改造为疫苗。他们将大肠杆菌进行基因替换，使之携带某种病毒DNA，再把这一经过变异的大肠杆菌植入马铃薯细胞，在马铃薯体内培育出由病毒DNA控制合成的抗原。他们给老鼠喂食这种经过改造的马铃薯，几天之内，老鼠对这种病毒的免疫力便大大增强了。在这以后，人们又继续进行有关植物疫苗的实验，先后利用马铃薯细胞携带小儿腹泻抗原和乙肝抗原作为疫苗，人食了这种植物疫苗，身体便开始产生相应的抗体，从而获得了免疫力，用来预防这两种疾病均收到了很好的效果。有的科学家还声称培育出了含有疫苗的香蕉。

　　由于植物易于生长，便于管理，技术要求不高，费用低廉，所以植物疫苗技术有很高的推广价值，尤其是对发展中国家人民的健康将产生不可估量的影响。目前，科学家们已经培育出预防霍乱、白喉、甚至龋齿等的各种植物疫苗。相信在不久的将来，植物疫苗将进入寻常百姓家。到那时，人们也许只要种植一种改变遗传特性的水果或蔬菜，并且每年吃上几次就可以预防疾病了。科学的力量真是伟大啊！

科学家为人们带来了越来越多的福音

● 用生物技术对付生物武器

　　微生物对人类可以说是一手拿着橄榄枝，一手托着潘多拉魔盒，既可以把和平带给人类，也可以把灾难降临人间。自古战争的目的就是要最大限度地杀伤敌人。由于微生物可以大规模引起人们发病造成极大的伤亡，所以有许多致病微生物历来被战争贩子所青睐，用于制造生物武器。

　　1940年10月27日，几架日本飞机在浙江宁波上空盘旋了几圈儿，没有扔下炸弹，而是投下了一些麦粒、破布及各种杂物，之后便飞走了。人们感到纳闷——小鬼子在搞什么名堂？几天后灾难发生了，许多人染上了致死的鼠疫，几天之内就有102人死亡。原来，日本飞机向地面投下了感染鼠疫杆菌的跳蚤，这些跳蚤叮咬人体而引发了可怕的鼠疫。在日本侵华期间，臭名昭著的日本"731"细菌部队大规模地散布细菌武器，还将俘虏、平民作为病菌感染致病的活材料，甚至进行残暴的活体解剖，令人发指。日军在中华大地上犯下的滔天罪行罄竹难书。

1952年5月16日，美军飞机在朝鲜某地投下四包装有蛤蜊的草包，企图投入当地一个蓄水池中，由于风大而落在一个山坡上。一家村民拾到这四包蛤蜊带回家中误食，结果当晚一家人就上吐下泻，含恨而死。事后检验发现是美军投下的蛤蜊带有霍乱弧菌。此间，美军在朝鲜其他地区和我国东北地区空投过带有鼠疫杆菌、炭疽杆菌、伤寒杆菌和脑炎病毒的苍蝇、老鼠等，造成传染病的流行。

其实，人类使用细菌武器并不是日军和美军的独创。早在1346年，鞑靼人攻打热亚那人固守的卡发城时，就想到把患鼠疫而死的人的尸体扔进城里，使3年未攻下的城不攻自破。1763年英殖民主义者入侵加拿大时也曾把染有大花病毒的被子、手帕作为"厚礼"送给印第安人首领，结果英国人兵不血刃就占据了北美。

生物武器在人类战争史上曾给人类带来巨大的灾难。由于生产生物武器快速、简便，只需保存少量菌种，需要时在极

短的时间里就可以得到大量的微生物或毒素；生物武器施放容易，杀伤力强，传染病一旦传开，即可使成千上万人失去战斗力，每个病人又是一个传染源，使传染病很快流行起来。

因此，战争狂们对生物武器情有独钟，而一切爱好和平的人民却强烈反对生物武器。1925年，40个国家共同签署了禁止使用化学武器和生物武器的《日内瓦议定书》；1972年又签署了《生物和毒素武器条约》，许多国家纷纷签署，包括美国和苏联。但这并没有遏制某些侵略者的战争野心。现在，一些国家还保藏有许多致病微生物，如炭疽杆菌、结核杆菌、脑炎病毒、伤寒杆菌等。此外，还有肉毒杆菌肉毒素、葡萄球菌肠毒素、银环蛇毒素等生物毒素。美国每年用于保存和研制生物武器的费用高达7500万美元。而苏联也一直在秘密研制生物武器，1979年苏联一座生产炭疽杆菌的工厂曾发生因炭疽杆菌外流而导致数千人患肺炭疽、数百人丧生的恶性事件。据美国一位专家估计，美国和苏联贮存的生物武器足以杀灭全球人口。某些国家还在运用现代生物技术改进传统的生物武器，并积极寻找新的病原体，以开发新型生物武器，甚至有人在研制更可怕的基因武器，这不能不引起广大爱好和平的人民的关注和担忧。

为了对付生物武器，人们也在加紧研制预防和杀灭生物武器的设施和用具。例如一些研究机构正在运用生物技术研制防御生物制剂的疫苗、抗体以及在战场上保护士兵的生物制剂监测设备，制造能捕捉生物制剂的新型防毒面具。美国某大学的一位博士研制成一种称为"纳米乳剂"的调制剂，能与病毒外壳或细菌的细胞壁融合在一起，以无声的爆炸摧毁微生物。

科学家提醒人们，要想防御生物武器，关键是要开发出新的抗生素和抗病毒制剂，因为目前的抗生素和抗病毒制剂已经对大多数微生物失去抑制作用。

未来的世界并不太平，一切爱好和平的人们要时刻警惕着！

● 开发新能源的生力军

人不吃饭没有劲儿，汽车没有汽油开不动，机器没电也转不起来……这是尽人皆知的常识，能源与人类生活的关系太密切了。当今世界最主要的能源是石油，世界上能源的消费中石油差不多占了一半，其次还有煤炭、天然气等。它们都是由埋在地下的大量动植物尸体在一定压力和温度作用下，经过漫长的岁月才形成的。今天，随着工农业生产的迅猛发展和人民生活水平的提高，人类对能源的消耗与日俱增。然而，地下的化石燃料的蕴藏量是有限的，按照人们现在的开采速度，恐怕再过几十年就会枯竭了。人类即将面临能源危机，怎么办呢？也许微生物能帮忙。

氢是一种发热本领很高的化学燃料，燃烧1千克氢放出的热量相当于燃烧3千克汽油或者4.5千克焦炭放出的热量。

而且氢无色、无味、无毒，它燃烧后只产生水蒸气，不会造成环境污染，是极为理想的清洁燃料。人们已经发现不少能产氢的微生物，它们当中有的能够发酵糖类、醇类、有机酸等有机物，吸收其中的一部分能量来满足自身的需要，同时把另一部分能量以氢的形式释放出来；另有一些微生物则能像绿色植物那样，吸收太阳光的能量，把简单的无机物合成复杂的有机物，来满足自身的需要，同时产生氢气。

酒精也是一种高效燃料，它可以完全烧尽，不剩废渣。在石油价格上涨、能源紧缺的今天，酒精是一种很有前途的新能源。那么，怎样得到廉价的酒精呢？取之不尽的原料来自自然界丰富的纤维素。利用微生物作用将纤维素转变为糖，再经酵母菌等微生物的发酵作用就可以生产出酒精来。这是人们解决能源危机的又一理想途径。

沼气是有机物经厌氧微生物发酵作用产生的可燃性气体，由于最初发现于沼池中，因此而得名。实际上，在腐烂有机质丰富的池塘和粪池中，也经常产生沼气。沼气中含有甲烷、氢气、硫化氢和一氧化碳等多种气体，其中的甲烷含量占 $60\%\sim75\%$ ，甲烷是一种理想的优质燃料。生产沼气是两类微生物共同作用的结果，一类是非产甲烷菌，它们先把自然界中复杂的有机物如纤维素、蛋白质、脂类等慢慢地分解，变成简单的小分子有机物，如乙酸、乙醇、丁酸、甲醇等，再由产甲烷菌把这些小分子有机物变成更小的分子如甲烷气等。发展沼气在农村大有作为，因为农村有丰富的沼

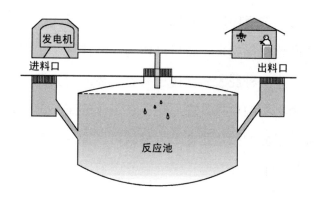

沼气发酵模式图

气发酵原料，像动物粪尿、植物秸秆都行。沼气发酵的设施也很简单，做一个能密封的大池子，池内放入发酵用的粪尿、秸秆等原料，把它们充分混合后，将池口密封好，进行堆沤。不久，池内的产甲烷细菌大量繁殖，放出沼气，通过管道将沼气输出就可以点灯做饭了。沼气还可以通到工厂用来发电。沼气发酵后的泥渣，含有丰富的氮、磷、钾肥和许多腐殖质，也是很好的肥料。过去有些农村把多余的秸秆烧掉，造成环境污染和资源的浪费。大力发展沼气资源，不仅为日后的生产生活提供了能源，还美化了环境，减少了污染，真是一举多得的美事儿！

微生物个体虽小，却蕴藏着人类取之不尽的能源。也许有一天，人们不再需要煤和石油了，所有污染环境的烟囱被拆除。因为这时人们可能用上了便宜的太阳能和微生物转化的化学能。人们只要往发酵罐里扔些稻草、木屑，灌入污水、垃圾等，发酵罐中的微生物便把储存有太阳能的各种物

质进行降解，产生甲烷、乙醇、氢气等，然后人们以一定方式把这些产物收集起来，就可以作为能源使用了。那时的汽车，也不再是一种屁股后面排出有毒气体的污染源了，它可能还是一个小型的垃圾处理厂呢。在汽车的某一部分是一个小发酵罐，里面的微生物通过发酵就可以源源不断地为汽车"加油打气"了。

● 明天我们吃什么

　　许多人把今天的地球形象地比喻为"哭泣的地球"、"超载的地球"。因为人口的过快增长，引起了一系列的"连锁反应"：粮食短缺，耕地锐减，土地超负荷运转，土壤肥力逐年下降……人类无不为自己的前途担忧。"明天我们吃什么"，成了全世界都在关注的热点问题。

　　寻找新食源无疑是解决人类食物短缺的重要途径，而微生物以其蛋白质含量高、生长繁殖快的特点，日益为人们所重视，人们已经在探索微生物新食源方面做了许多有益的尝试。

　　科学研究表明，微生物作为一种新食源已日见其优势。首先，微生物的生长速度比任何高等动植物都要快得多。据估计，利用微生物合成同等量的蛋白质，比利用植物来生产要快500倍，比动物快2000倍。其次，微生物的营养价值高。有一种丝状螺旋蓝细菌，其蛋白质含量高达65％～70％，白地霉的蛋白质含量也在60％左右，我们熟悉的酵母菌的蛋白质含量为45％～65％，而人们现在公认的高蛋白食品——大豆的蛋白质含量也仅有34％。而且，微生物所含的组成蛋白质的氨基酸种类齐全，人体必需的氨基酸比例高。如氢细菌含有的人体所必需的赖氨酸、色氨酸比牛肉、鸡蛋中的含量还要高。再次，微生物中还含有各种维生素和矿质元素，如酵母菌含有B族维生素等，这些都是人体不可缺少的营养。最后，微生物对营养物质的要求不高，有些还是自养型微生物。它们可以利用许多废物，像淀粉厂的废水、豆制品厂的废水、造纸厂的纸浆废液、榨糖厂的甘蔗废渣和稻壳、棉籽壳、玉米芯、作物秸秆等农业废弃物以及工厂排放的废气等等，这些都是微生物可以利用的原料。如果这些废物排放到自然环境中势必造成环境污染，而微生物利用它们来进行生产，既可以变废为宝，又解决了粮食危机，两全其美之事，何乐而不为呢？

微生物含有的蛋白质非常丰富。为了区别高等多细胞动物蛋白和植物蛋白，我们把微生物蛋白叫作单细胞蛋白。利用微生物生产单细胞蛋白的原理很简单，主要就是通过发酵培养来获得大量微生物菌体，然后进行收集和干燥即可得到。

利用微生物生产单细胞蛋白，除了原料资源丰富外，还有许多其他好处。它的生产效率高，可以在工厂的发酵车间里进行生产，不受气候、天气的影响，无论是刮风下雨，

还是酷暑严寒，可以照干不误；还大大节约了土地。如利用酵母菌生产蛋白质比种植大豆要经济得多，按每年世界人口增长7000万来算，这些新增人口所需的蛋白质，若依靠培养酵母菌只需200吨反应罐2500个即可满足，而靠种植大豆得要种植3600万公顷才够，而且酵母菌的繁殖速度比动植物快8000倍，少量投入就可得到大量产品。

用于单细胞蛋白生产的微生物种类很多，有小球藻、栅列藻等蓝藻和霉菌、酵母菌等真菌以及细菌如氢细菌、光合细菌等。

尽管利用微生物生产单细胞蛋白还有一些安全性问题有待解决，并且作为一种食物，人们在习惯上也有一个逐渐接受和适应的过程，但是单细胞蛋白仍然日益得到人们的广泛青睐。

利用微生物生产单细胞蛋白，在世界一些发达国家已有一定的生产规模。到20世纪80年代中期，全世界年产单细胞蛋白已达200万吨，被广泛用于制作食品加工中的蛋白质添加剂和饲料，也可以制成人造肉供人们食用。此外，酵母菌在医学上也有用武之地，可以从中提取维生素、辅酶A、细胞色素C等重要的药品。

微生物生产单细胞蛋白的前景十分广阔。说不定将来有一天，味道鲜美、营养丰富的人造菌体食品会走进千家万户。那时，当你到别人家做客，主人款待你的也许是清炖螺旋蓝细菌、爆炒假丝酵母、油炸白地霉呢！